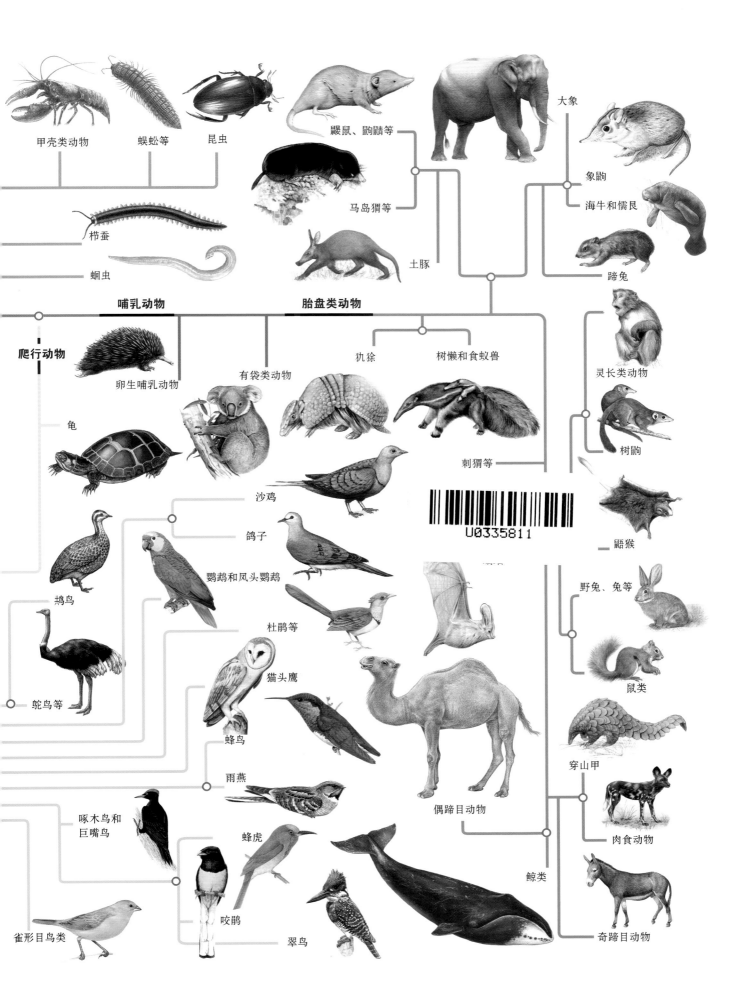

甲壳类动物

蜈蚣等

昆虫

鼩鼱、鼩鼱等

马岛猬等

土豚

栉蚕

蛔虫

大象

象鼩

海牛和儒艮

蹄兔

哺乳动物

胎盘类动物

爬行动物

卵生哺乳动物

异关节类

树懒和食蚁兽

刺猬等

灵长类动物

龟

有袋类动物

树鼩

鼯猴

沙鸡

鸽子

鹦鹉和凤头鹦鹉

杜鹃等

鸡鸟

野兔、兔等

鼠类

鸵鸟等

猫头鹰

蜂鸟

穿山甲

雨燕

偶蹄目动物

啄木鸟和巨嘴鸟

蜂虎

肉食动物

咬鹃

雀形目鸟类

翠鸟

鲸类

奇蹄目动物

GUOJIA DILI DONGWU BAIKE

国家地理
动物百科

无脊椎动物

西班牙 Editorial Sol90, S. L. ◎著

冯珣 ◎译

山西出版传媒集团　　山西人民出版社

目 录

概况

动物界中，除了一部分脊索动物外，绝大部分种群都属于无脊椎动物。这种划分方法是依据动物的生理特征，而非天然的生物分组的。现有的物种类别是数百万年进化的结果。据记载，无脊椎动物年代最久远的化石源自于6亿年前。

什么是无脊椎动物

无脊椎动物指没有脊椎的动物。也就是说，在现有的数量庞大而又种类繁多的动物族谱中，除去脊椎动物以外的全部物种均为无脊椎动物。无脊椎动物的种类占现有物种总数的95%。据估计，每年科学家都会定义1万~1.3万种新的生物，这其中大部分都是无脊椎动物，它们在生态系统的食物链中发挥着重要作用，如果没有它们，生命将呈现与现在截然不同的形态。

| 门：33 |
| 纲：约80 |
| 种：约120万 |

重要作用

人类活动诸如对环境的过度开发造成了动物栖息环境的改变，进而引发的生物多样性的减少，被公认为是最突出的环境问题之一。每当说起保护生物多样性，我们脑海中会很自然地出现大型哺乳动物、鸟类、爬行动物甚至树木的画面。然而，从生物多样性的角度来看，与无脊椎动物、低等植物和微生物构成的巨大又多样的生物世界相比，脊椎动物在生物界中所占的百分比小之又小。不仅如此，这些不那么迷人的低等生物还是食物链中不可缺少的环节，它们维系着食物链的运转，分解有机物残骸，净化环境并增强环境系统的稳定性。如果没有无脊椎动物的参与，生态系统简直毫无稳定性可言。为了使无脊椎动物免受灭绝之灾，我们应该全面地了解它们。然而，在这方面，我们所做的还远远不够。虽然有些无脊椎动物对人类直

主要类群

节肢动物的身体分节，体表有坚韧的外骨骼。它们比其他的无脊椎动物拥有更强的环境适应能力，在种类数量和个体数量上也远超其他门类的无脊椎动物。

薄翅螳螂
Mantis religiosa

消化的方式

无脊椎动物主要通过两种消化方式实现自我能量的供给。一种是原生动物采取细胞内消化的方式，食物在自身细胞内被分解；另一种是细胞外消化，食物由消化管的口端摄入，在消化腔中消化，消化腔可以有1~2个口端。

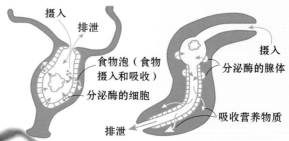

摄入

排泄

食物泡（食物摄入和吸收）

分泌酶的细胞

排泄

单一口端消化道

摄入

分泌酶的腺体

吸收营养物质

双口端消化道

接或间接有害，但是更多的无脊椎动物对人类是有益的，它们是食物的源头——有的无脊椎动物为农作物授粉，有的可以用于对抗其他有害生物，还有的因其对环境变化的敏感性，可以用于自然环境质量的监测，诸如污染、干旱、环境退化等。

有多种药剂产品和工业产品是由无脊椎动物制成的。为了生存，无脊椎动物展现出了令人惊叹的多样资源和能力，经常为人类解决问题并给我们提供新的灵感。通过对这些神奇的动物的研究，我们发明了潜水艇、节能马达以及各种不计其数的新工具。同时，当今的神经科学、遗传学和生理学的一些研究成果，很大程度得益于我们对无脊椎动物的研究，它们是非常适合的实验对象。

栖息环境

从无脊椎动物诞生开始，它们便在浅海中逐渐分化。一小部分种群离开了海洋，克服了淡水和陆地环境带来的困难，开始用新的方式进行呼吸、保持体内的平衡。事实上，走出海洋的无脊椎动物最大的成就在于它们把自己的生存空间扩展到了地球上的每一个角落。很多无脊椎动物与其他生物（脊椎动物、植物等）的生存有着内在联系，彼此间存在着多种多样的共生关系，最极端的一种便是寄生关系。

构造特征

不同形态的动物，其外部构造和内部结构的差异十分显著。因此，在本章我们只会提及那些对动物的识别和归类意义重大的构造特征。动物是"异养生物"，也就是说，它们需要通过摄取其他生物合成的有机物质来获得养料。虽然从生物化学的角度来看，异养的原理是相似的，但是无脊椎动物拥有一系列更为多样的机制来获取和消化食物。除去海绵动物和中生动物，大多数动物都拥有消化管。这种消化管可以是盲管或者是不完整的，也就是说，只用一个管口作为入口和出口，称之为"口"（例如放射虫纲和扁形动物门的生物）；也可以是完整的，有口有肛。

在动物的进化史中，肛门的出现是一个重要的里程碑。这意味着消化管道

到达陆地
蜗牛有柔软的被蜗壳包裹的身躯，它们用肌肉足在黏液上滑行。蜗牛是动物界中征服陆地环境的先驱者。

的分区和功能的划分，同时也意味着一个成熟消化系统的发展和营养成分被利用的最大化。

胚胎的发展

希腊哲学家亚里士多德曾说过："不管现在还是将来，我们都不曾获得事物深奥的原理，之所以觉得有发现，只是因为我们从一开始就没有注视着原理的成长。"从受精卵阶段开始，动物的种群展现出多种有丝分裂（细胞分裂）的方式，并由此产生胚胎的各个阶段状态（囊胚和原肠胚）。

一直到动物长至成年，每一种动物都在其生命周期中诠释着它利用周围的资源的方式。这种方式能够反映它的祖先源头和世系。

真后生动物（拥有真体腔的动物）在胚胎形成过程中会形成原生的保护层。辐射对称动物（双胚层动物）拥有外胚层和内胚层。而两侧对称生物（三胚层动物）还具备一个中胚层。自外胚层，或者说外胚层上皮，会产生皮肤及其派生物（例如鳞屑、壳、毛发、指甲、腺状组织等）、神经系统、感官以及消化道的前端和末端。内胚层是胚胎的内侧上皮，由它形成中段消化道及附属腺体，个别情况下，呼吸道和上皮也由内胚层形成。

对于有中胚层的生物，中胚层位于外胚层和内胚层之间。中胚层会衍生出肌肉、内部支撑结构、循环系统以及部分排泄器官。成年个体的口是在胚胎发育中由原肠胚的胚孔形成的动物，被称为原口动物；成年个体的口是由胚孔之外的另一个开口形成的动物，被称为后口动物。

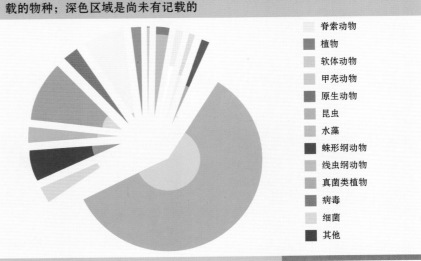

财富

图表展现了地球上丰富的生物宝藏，其中，无脊椎动物的种类极为丰富。每个扇区的浅色区域指已经有记载的物种；深色区域是尚未有记载的物种预估所占的比例。到目前为止，我们已经认识了近 130 万个物种，这其中 70% 以上都是昆虫。

脊索动物
植物
软体动物
甲壳动物
原生动物
昆虫
水藻
蛛形纲动物
线虫纲动物
真菌类植物
病毒
细菌
其他

生存环境

部分无脊椎动物主要生活在海底。在陆上生活的则偏爱潮湿的环境。此外，还有一些比较特殊的生存环境，即淡水和其他生物的体内，比如寄生虫。生存环境的多样性影响了不同种群身体形态的演变。

水生环境

在海洋中，无脊椎动物能在海水中与其所含盐分保持渗透平衡。生活在河滩或其他地方的含盐水质中的无脊椎动物能够持久保持体内的盐浓度，尽管水的盐浓度会有变化。在淡水中，甲壳纲动物进化出了摄取盐分、排出水分的功能。

海水

与其他生存环境中的同类相比，海洋中的无脊椎动物具有巨大的多样性特征。其中，甲壳纲动物数量最庞大。重力作用的削弱，使得海洋中的无脊椎动物拥有巨大的体形。

5 万

现在我们已经认识的甲壳纲动物的种类数。

轴孔珊瑚
鹿角珊瑚属
珊瑚礁是数千种海底生物的栖息地。

普通章鱼
Octopus vulgaris
在10米深的浅海中生活。

褐色根口水母
Rhizostoma pulmo

紫水母
Thysanostoma loriferum

美洲螯龙虾
Homarus americanus

星肛海胆
Astropyga radiata
它能帮助螃蟹抵御偷窃者的威胁。

疣面关公蟹
Doripe frascone
它会把海胆搬到身边，与之共生。

红海星
Echinaster sepositus

沐浴角骨海绵
Spongia officinalis Linnaous

红海盔车
Asterias rubens

黑星宝螺
Cypraea tigris

淡水

淡水生无脊椎动物源自于它们有呼吸道的、存在于其他栖息地的祖先。因此，它们进化出了在水下呼吸的生理功能或身体构造。

库蚊

库蚊属
其生命周期在水中完成，在水中产卵、化蛹。成年蚊子只能存活短短数周。

帝王伟蜓
Anax imperator
成年蜻蜓以捕食植被上的小昆虫为生。

蜉蝣
Hexagenia sp.

水尺蝽
Hydrometra stagnorum

蜻蜓若虫

苏格兰百圆钳螯虾
Austropotamobius pallipes
它们触角上的腺体能够排出体内水分，从而保持体内盐度的平衡。

水黾蝽
Gerris lacustris
它在水面上行走时，不会打破水面的张力。

蜕皮中的蜻蜓

水蛛
Argyroneta aquatica

仰泳蝽
Notonecta glauca

静水椎实螺
Lymnaea stagnalis

龙虱
Dytiscus marginalis

寄生
有的动物是寄生性的，它们以宿主为营养来源。

富尔顿车轮虫
Trichodina fultoni

欧洲医蛭
Hirudo medicinalis

剑水蚤
Cyclops sp.

软体动物
大部分软体动物生活在海洋中，但也有的在淡水和陆地上生存。

昆虫
虽然昆虫可以在绝大多数环境中生存，但是在海洋中却少见它们的踪迹。

陆空环境

为了能在陆地上生存，无脊椎动物进化出了多种适应陆地的呼吸方式和行动方式。它们中的大多数都拥有高效的呼吸系统。昆虫有了行走和飞翔的能力，这使它们得以大规模地扩张自己的栖息范围。

谁吃谁

我们把一个生态系统中生物之间存在的食物关系称为食物链。从作为生产者的植物开始，无脊椎动物成了位于食物链各个不同序列中的消费者。

食物链的顺序

蜘蛛

1 第一顺序：
草食性无脊椎动物。

圣安东尼奥七星瓢虫

2 第二顺序：
以草食性无脊椎动物为食物的肉食性无脊椎动物。

蚜虫

3 第三顺序：
大型无脊椎动物，以其他肉食性无脊椎动物为食物。

小巧的节肢动物

用呼吸道呼吸使节肢动物能够保持较高的新陈代谢率，但这同时也限制了它们的体形。因此，陆地上的节肢动物体形都相对较小。

70%
昆虫在树栖物种中所占的比重。

黑脉金斑蝶
Danaus plexippus

白纹伊蚊
Aedes albopictus

尖翅蓝闪蝶
Morpho rhetenor

螳螂科
Mantidae

家具窃蠹
Anobium punctatum

智利螺旋蜗牛
Helix aspersa

马蜂
长脚蜂属

牛蜱
Boophilus sp.

蠹虫
Lapisma saccharina

葬甲虫
Nicrophorus investigator

葡萄黑耳喙象
Otiorhynchus sulcatus

蜈蚣
Lithobius sp.

鼠妇
球鼠妇属

直条叩头虫
Agriotes lineatus

欧洲胡蜂
Vespa crabro

掠蛛
Drassodes sp.

沙漠千足虫
Orthoporus ornatus

血红林蚁
（工蚁）
Formica sanguinea

家蚕
Bombyx mori

蚯蚓
Lumbricus sp.

身体构造

不同的无脊椎动物，其身体的组织形式和结构样式的复杂程度也各不相同。有的无脊椎动物，比如海绵动物以及一些共生或寄生的动物（中生动物），它们只能通过一系列细胞的协作完成生命体的功能，但并没有形成真正的组织。而其余的无脊椎动物（真后生动物），从拥有简单的组织到形成各司其职的器官，它们的复杂程度逐渐提高。

身体形态的决定因素

A. 生存方式及身体形态

在生物学中，我们把相似部分在身体中的平均分布理解为对称性。大部分动物都具有某种对称性。

然而，大部分海绵动物和中生动物是不对称的。辐射对称多见于营固着生物，它们附着在水体基质上，很少漂流或移动，并根据环境对自身进行了适应性的调整。在它们体内，神经系统形成了一张网络，感受器及其他结构（触角、前肢）规则地分布在身体的边缘。

大部分物种都具有两侧对称性：它们能够向一个方向进行有效的移动。因此，它们的感官会向身体的一端集中（头向集中），其神经系统也是集中的。这样，其身体的各项活动被整合，以便快速、准确地针对外界环境做出反应。

在无脊椎动物的身体中，其主要的神经索位于腹部，这一点和脊椎动物恰恰相反，脊椎动物的主要神经索在背部。

B. 环境的种类

海水的物理、化学性质解决了动物身体支撑的问题。动物的骨骼（内骨骼或者外骨骼）具有保护的功能。其骨骼也便于体液中盐分的调节以及新陈代谢废物（氨）的排出。环境的稳定，也有利于无性繁殖以及以体外受精为途径的有性繁殖的进行。在支撑身体和排氨方面，淡水和海水有一样的功能。但是，当环境中的盐分浓度低于体内的盐分浓度，动物身体和外界的渗透平衡就会出

适应性

许多种群，其身体原始的基本组成形式，在后来适应不同环境和不同生活方式的过程中被改变了。软体动物和节肢动物也是如此，它们展现出形态上的巨大多样性，这种多样性清晰地表明了进化作用的复杂性。

令人惊叹的多样性

无脊椎动物从祖先的基础形态开始演变，目前呈现出可观的多样化形态，这使大量无脊椎动物得以开拓更多的栖息地。

普通章鱼
普通章鱼（*Octopus vulgaris*）是一种软体头足动物，栖居在海底深处。它们没有外壳，腕足环绕着嘴巴。

现严重问题。所以，每个种群都得解决排出多余水分以及保持体内盐分不流失的问题。

生存环境的物理、化学条件以及环境的不稳定性有利于体内受精的有性繁殖的发展，有利于卵细胞被保留在父母体内，得以更好地着床，并防止水分流失。此外，幼虫期的缩短现象也很显著，胎生占据了主导地位。在陆地环境中，空气密度较小，这意味着动物需要一个机械支撑系统来支持身体的重量。因蒸发而丧失的身体水分使得保持体内平衡困难重重，这在体表保护层、防止水分流失的呼吸系统以及夜间活动习性等出现后得到了解决。为了留住水分，排泄也得到了专化。体内受精的有性繁殖成了主要的生殖方式，卵细胞会被包裹在保护层或胎盘（胎生）中。生物之间的联系和相互依赖的关系会形成一种特别的大环境。我们注意到，根据关系深浅不同，典型体形样样会产生可观的变种，会出现多种用途固定的器官以及被大致改良的体内隔膜。如果是体表寄生虫，它们会拥有消化器官和专门的口器；而体内寄生虫会缩减用于移动的器官，发展某些有利于繁殖的身体系统。这是因为它们需要增加后代的数量，以抵消伴随寄生生命周期的高损失。寄生虫是体内受精的，且许多种寄生虫具有雌雄同体、自体受精和无性繁殖的特点，这都大大增强了它们的繁殖能力和生命潜力。

C. 体形大小

进化过程中，动物界产生了不同的适应策略，事实证明这些策略有利于所有细胞在形式和功能上保持和谐的统一。动物中存在体积变大的趋势，然而，这种趋势被表面积与体积的比所制约。因此我们发现，有的动物在其身体体积增大的同时，采用了特殊的几何形状使得其表面积也最大化。通过这种方式，海绵动物将自己身体的外壁折叠、枝杈化。其他动物则采取延长自己身躯（纽形动物门）的方式。此外，扁形动物还会把自己的身体压扁。刺胞动物门的身体中充满了一种胶性成分，或者说，中胶层。在大部分刺胞动物中，它们通过不同途径获得了一个第二内腔（体腔）。这个体腔的多种功能中，比较突出的是积累液体以便支撑和移动，并使消化道独立于体壁之外。有体腔的动物还有另一个特征，那就是部分躯体会沿着身体的主轴重复，即分节现象或同质异性体。身体的分节有助于动物的移动，某些体节逐渐具有了专门的功能，这更赋予了动物极强的环境适应能力。

海绵动物和海星
棘皮动物，诸如图中脆弱的海星，在它的幼虫期是两侧对称的，它们在成年阶段变为辐射对称状。

对称轴和对称性示意图

对称性由对称轴的数量和特殊平面的数量决定。一条对称轴就是一条穿过身体的线，通过这条线可以画出对称面。一个对称面就是将物体分成相似的两半的平面。不符合上述条件的轴和面被视为参考对称轴，比如背腹轴或每侧的轴，横截面或者正面。

球形
由无数的对称轴和对称面组成。例：原生动物。

多重辐射对称
通过其体内的中轴（从口面到反口面）有许多个切面可以把身体分为2个相等的部分。

两辐射对称
通过其体内的中轴（从口面到反口面）仅有2个切面可以把身体分为2个相等的部分。

五辐射对称
1个对称轴和5个对称面。例：海星和海胆。

两侧对称
一个对称轴，即头尾轴，以及唯一的对称面——矢形对称面。

生物种族进化史

从进化论的创始人查理斯·达尔文和阿尔弗莱多·拉塞尔·华莱士开始，分类学的主要学派就已经致力于通过对动物界的分类来解释生物种族的发展史。尽管针对这个目标投入了大量的时间、做了大量的研究（也借助了生物形态学、胚胎学和分子生物的帮助），但是很大一部分针对生物分类的实质描述距离解答生物种族的发展历程还很远。这其中很大一部分论述主要涉及无脊椎动物，在这个类别中，对其种系的进化仍然存在很大争议。

主要待解决的问题

探明动物的种族发展史历来是动物学家们面临的巨大挑战之一。为什么这个问题这么难以解决呢？简单地讲，现存的动物门类，有些早在6亿年前就出现了，也就是在前寒武纪末期或寒武纪初期。许多族群因其结构属性，无法在化石化的过程中将骨骼结构保存下来，只余下一处不完整的动物化石痕迹，加之时间长河的冲刷，使我们难以揭开时间的幕布，发现能用于确认不同群体亲缘关系的那些身体特征。另外一个引起争议的问题在于外界进化压力是如何发挥作用的，外界进化压力经常导致同一个物种特征在不具有共同祖先的不同种群中反复出现，使得动物学家们不止一次地将物种错误分类。这被称作"趋同进化"，已知的一个例子是鲸目动物、海牛或者海豹具有类似的前肢，而这些动物来自于不同的哺乳动物祖先。正因如此，许多种群都被分解，成员被归类到生命之树的其他分支中。

观点一致的树形图

种群的源头，最普及的假说是，鞭毛虫纲、真菌、后生动物及领鞭虫纲原生生物构成了其祖先。因此，考虑其与最原始的种群在主要细胞（海绵动物的领细胞）上的相似性，领鞭虫纲生物构成了后鞭毛生物的姐妹群。多孔动物依照其细胞结构的水平，本应该和具有真正细胞组织和体腔的动物区分开来。后者中既有辐射对称的，也有两侧对称的，它们应该拥有与扁盘动物类似的祖先。从物种的数量和多样性来说，最重要的分支是两侧对称的动物。两侧对称的动物又进而分成两个种系发生的分支：原口动物和后口动物。大部分无脊椎动物属于原口动物，分类学上最大的分歧也产生于原口动物领域。后口动物数量相对较少，争议性也较小，包括棘皮动物、半索动物和脊索动物。

甲虫
圣安东尼奥七星瓢虫属于鞘翅目昆虫、六足节肢动物，这是动物界中拥有最多物种的纲目。

两侧对称

大多数动物都具有沿着身体的主轴两侧对称的结构。此外，它们还拥有三个胚层：外胚层、中胚层、内胚层。两侧对称生物的雏形始于寒武纪的元古代后期。包括节肢动物、环节动物、线虫动物和软体动物，同时也包括脊椎动物和其他脊索动物。

对称

两侧对称性使动物可以尽可能地活动。另外，也使感觉器官的集中成为可能，进而产生了头部。

身体模型进化图

这幅图展示了动物的组织形态，进化始于一个共同的不能进行光合作用的原生动物祖先。我们试图通过这幅图帮助大家理解动物的身体构成和运作方式。同时根据身体构造，这幅图也展示了每个种群可能的进化策略，甚至在某种程度上，为我们展现了它们之间的关联，当然，不是从严格意义的种族发展史的角度。这些进化模型是基于形态学和比较解剖学的研究产生的。

单细胞祖先

单细胞
仅由一个细胞或者一种细胞构成的生物。

有孔虫目、放射虫目及其他。

多细胞
由一个以上细胞构成的生物。

侧生动物
没有组织分化。细胞外消化。不对称。

多孔动物和中生动物。

真后生动物
具有细胞组织。外胚层和内胚层分化。有胃腔。

辐射对称
没有中胚层。

腔肠动物和栉水母。

两侧对称
具有外胚层、中胚层和内胚层。

身体构造
动物可以依据其身体分节和拥有的组织、器官、系统进行分类。

无体腔的动物
没有体腔。

有体腔的动物
肠道通过体腔从身体内壁上分离出来。

纽形动物的身体构造
有完整的消化道和循环系统。

纽形动物

扁形动物的身体构造
有闭合的消化道，没有循环系统。

扁形动物

假体腔动物
体腔不来源于中胚层。

线虫动物、轮形动物及其他。

真体腔动物
体腔源自中胚层。

裂腔法
体腔由中胚层的孔洞形成。

肠腔法
体腔由内胚层突出形成。

节肢动物

身体分节，附肢用关节连接。

环节动物

身体柔软且分节。

软体动物

身体柔软，不分节，有外套膜。

棘皮动物

内部骨架由钙质小骨构成。

脊椎动物

内部骨架由关节连接，有脊椎。

海绵动物

这种多孔类动物或者说"毛孔载体"，是非常简单的水生动物。身体上遍布孔洞，水从这些孔洞进入，进而被过滤。多孔动物早在6亿年前就已经在地球上生活，如今约有8000种海水生多孔动物和200种淡水生多孔动物。它们的体色和形态多种多样，被称作所谓的"沐浴海绵"进而被人们所熟知。

一般特征

海绵动物是最早出现的多细胞生物之一。它们是水生动物，主要生活在海水中，是无柄的滤食者，没有明确的对称面（不对称）。它们在细胞层面有一定结构性，也就是说，它们由彼此联系不紧密的细胞构成，不具备真正的组织分化，尽管这些细胞被置于不同的层中。生命功能总体上是由细胞完成的，细胞会专门化并进行分工。

门：多孔动物
纲：3
目：24
科：127
种：约1.5万

威胁

作为大自然的居民，沐浴海绵的骨骼中只含有胶原蛋白构成的纤维，它们正面临过度开采的危险。

尽管构造极其简单，但海绵动物依然拥有不可否认的进化成就，这种成就是以其细胞的能力为基础的。海绵动物的细胞能根据需要转化为任何一种细胞，生成蓄水的水沟系统、管和腔。海绵动物没有嘴，也没有消化腔。其领鞭毛细胞负责泵水并捕食水中悬浮的微粒。领鞭毛细胞分布在不同的区域，其位置取决于海绵动物各自不同的结构。单沟型海绵，也就是最简单的海绵动物，由两片细胞皮层构成，呈现出双层海绵腔的形态。外层充满孔洞，能让水流进海绵体内，即海绵腔内。内层则布满了领鞭毛细胞。水从中央腔的出水孔流出。

内外层中间夹有中胶层，含有经常变形的细胞——变形细胞。海绵动物通过体壁的褶皱增加了表面积和过滤的效率，身体体积也因此而增加。对双沟型海绵动物而言，领鞭毛细胞分布于辐射管中。内骨骼负责支撑身体，由碳酸钙、硅或者角质（海绵硬蛋白）的骨针所构成，此外，在身体中流动的水也起到了支撑作用。骨针不仅构成各不相同，体积和形态也各异。这种内骨骼使海绵动物得以形成固定的结构，并达到可观的体积。海绵动物是唯一一种具有天然硅质骨骼

分类

细胞亚门
具有明确的蜂窝组织

钙质海绵纲
钙质海绵

寻常海绵纲
寻常海绵

合胞体亚门
其细胞间没有明确分界，形成一个多核的原生质团

六放海绵纲
玻璃海绵或硅质海绵

的动物。它们占据着沿海区域的海底，过滤大量的水，为减轻海水的混浊做出了贡献。有时，它们甚至会在海洋钙质生物化学循环中扮演重要的角色。它们抵抗碳氢化合物、重金属和洗涤剂污染的能力很强，体内可以积蓄大量污染物而不对自身健康造成明显影响。

海绵动物可以有以光合作用为生的共生生物，它对许多动物来说是避难所。很少有生物靠摄取海绵为生（除了几种后鳃目软体动物、棘皮动物和鱼），这要归功于它们由骨针构成的骨骼和毒性。海绵动物所具有的毒素和抗生素的种类之多令人惊叹，它们利用这些毒素躲避掠食者，争夺基质。此外，在海绵动物的表面经常会附着贝类、海葵及其他结硬壳的生物。

繁殖

海绵是动物中繁殖能力最强的种群：它们的细胞即使通过机械方式被一一分离，也能够重新集结形成一个新的海绵。没有任何一种生物能够在同样条件下继续存活。想要消灭一只海绵的唯一方法是杀死它的每一个细胞。它们能够靠海绵碎片或者脱落的突起物进行无性繁殖，这些突起物被称为芽体。淡

芽球

海绵具有双层的保护层，保护层环绕着细胞，并含有能够使整个海绵再生的营养物质（全能性的）。

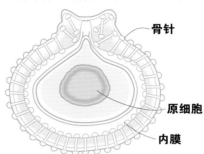

骨针

原细胞

内膜

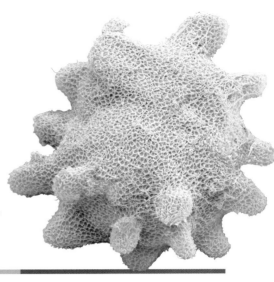

水中的海绵能生成一种对环境变化（例如干燥和霜冻）抵抗力很强的结构，人们称之为"芽球"。当海绵母体死亡，芽球就会脱落。海绵没有性腺，大部分海绵都是雌雄同体的，偏好异体受精。配子源自于原细胞（携带营养物质的变形细胞）或者失去鞭毛的领鞭毛细胞。海绵的幼虫主要有四种，这引起了新一轮针对玻璃海绵的组织学研究，因为它们引发了关于多孔动物是否是单源性种群的疑问，即所有海绵动物是否拥有一个共同的祖先。

海绵动物和人类

大约从古埃及时期开始，直至今日，海绵动物都被人用来洗澡，尤其是那些骨骼特别柔韧带角质的。在罗马，海绵被野战军的战士们用来饮水，而在古代的奥林匹克竞赛中，有一个比赛项目便是捕捞海绵。最近，我们发现了一系列海绵所产生的化合物。这些化合物具有极高的药理学和工业价值。因其对污染物的敏感性，海绵经常被用作环境监测的生物指标。

摄取食物和消化

携带悬浮微粒的水从毛孔进入海绵体内，然后进入中央腔。之后，又沿着一个出水孔流出。在这个循环过程中，悬浮的微粒被吞食，进而被变形细胞和领鞭毛细胞消化。水的流动是通过每个领鞭毛细胞鞭毛的搅打实现的。通过这种方式，水中悬浮的直径大约 0.1 微米的微粒能够进入海绵的每一个毛孔，并从那里通过"领"的微绒毛进入海绵动物捕食的管道。通过变形细胞的帮助，微粒在这些管道中会实现细胞内消化。

水的流出

上皮细胞

骨针

出水孔

带有食物微粒的水流从小孔中进入

细胞核

鞭毛

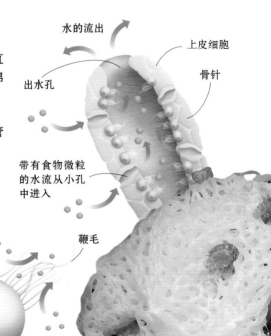

海绵的不同构造形态 ——→ 水流方向

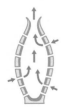

单沟型

双沟型

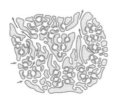
复沟型

玻璃海绵

门：	多孔动物
亚门：	合胞体
纲：	六放海绵
亚纲：	2
种：	500

玻璃海绵是纯粹的海洋生物，拥有硅质骨针。形状类似罐子，大多颜色偏浅。它们很脆弱，栖居在软质的海底，并通过由骨针构成的网扎根在那里。它们一般有 10~30 厘米高，栖息深度为水下 450~900 米。它们遍布世界各地，在南极洲附近海域深处尤为多见。

Hyalonema sieboldii
玻璃绳海绵

体长：5 厘米
栖息地：海洋
分布范围：太平洋，日本、菲律宾、印度尼西亚沿海

其骨架由二氧化硅构成，呈扁高脚杯状。拥有一个长长的用于固定的肉柄，肉柄由一束长而强健的骨针构成。体色通常呈白色，生活在松软的海底。人们会售卖它的骨架。

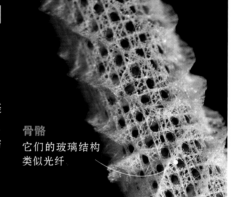

Euplectella aspergillum
阿氏偕老同穴

体长：10~40 厘米
栖息地：海洋
分布范围：太平洋西部

它们的骨针构成了一个形态优美的管状网格结构，富于刚性和对称性。栖息深度为水下 200~1000 米。它与甲壳纲的俪虾属存在共生关系。

骨骼
它们的玻璃结构类似光纤

钙质海绵

门：	多孔动物
亚门：	细胞
纲：	钙质海绵
亚纲：	2
种：	400

它们是纯粹的海洋生物，拥有钙质的骨针。根据其沟系结构可以将它们分为三种基本类型：单沟型、双沟型和复沟型。总体上，钙质海绵的体形都比较小，颜色较为暗淡。

Clathrina sp.
篓海绵

体长：10 厘米
栖息地：海洋
分布范围：大西洋北部和地中海

面向南方
典型的篓海绵总是朝向南方。科学家们仍未了解造成这种特性的原因。

其骨骼根据种类的不同，由 3~4 根放射状分布的末端或尖或钝的骨针构成。体色呈白色、黄色或棕色。它们的形状非常多样，无规律可言。它们是群居生物，会组成一个管状的网状物，网状物的壁较薄

Leucosolenia sp.
白枝海绵

体长：5 厘米
栖息地：海洋
分布范围：从北冰洋到地中海

它们很容易辨认，因为其基部由网状的管构成，在这基础之上又生出新的带小孔的管。它们的颜色通常是白色、黄色或灰色，生物稳定性较差。

多见于 1~10 米深的浅水之中，生长在贝类的表面和平坦的石礁上。有时候它们也会半埋在海底。

寻常海绵纲

门：多孔动物	
亚门：细胞	
纲：寻常海绵纲	
亚纲：4	
种：约4750	

寻常海绵纲所包括的物种数量占所有海绵动物物种的90％以上。它们体形较大，均为复沟型，大部分生活在海水中。它们的骨骼可以仅由海绵丝构成（如沐浴海绵），也可以拥有硅质骨针。它们通常和其他生物具有共生关系。一些淡水生的海绵品种（针海绵科）会因共生者而呈现出绿色的色泽。

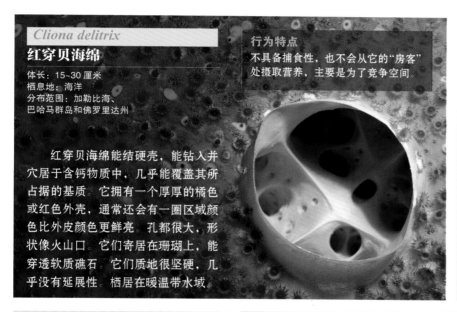

Cliona delitrix
红穿贝海绵

体长：15~30 厘米
栖息地：海洋
分布范围：加勒比海、巴哈马群岛和佛罗里达州

行为特点
不具备捕食性，也不会从它的"房客"处摄取营养，主要是为了竞争空间。

红穿贝海绵能结硬壳，能钻入并穴居于含钙物质中，几乎能覆盖其所占据的基质。它拥有一个厚厚的橘色或红色外壳，通常还会有一圈区域颜色比外皮颜色更鲜亮。孔都很大，形状像火山口。它们寄居在珊瑚上，能穿透软质礁石。它们质地很坚硬，几乎没有延展性。栖居在暖温带水域。

Agelas tubulata
棕色管状海绵

体长：15 厘米
栖息地：海洋
分布范围：加勒比海、牙买加、安德烈斯群岛

它们会在基座上形成管状物的集群，通常呈棕色。其外表皮层和内部都是平坦的。生活在多岩石的海底。

Spongia officinalis
沐浴海绵

体长：20~30 厘米
栖息地：海洋
分布范围：大西洋和地中海

沐浴海绵很厚实，其形状和体积多种多样，孔隙较少、较小且微微突起。体色通常呈黑色或灰色，内部发红，弹性很好。可以栖居于各种深度的海水中，从浅水区域到很深的海底都有分布。它们通常喜欢生活在多岩石的海底或洞穴中。

Callyspongia plicifera
蓝花瓶海绵

体长：27 厘米
栖息地：海洋
分布范围：加勒比海、巴哈马群岛和佛罗里达州

具有杯子或管子般的形态，外表面有一系列弯弯曲曲的沟回，内表面很平坦。管状物大多独立存在，有时也会2~3 个聚集成群。孔隙分布较为分散。体色呈玫瑰红、紫色或荧光蓝色。栖居于珊瑚礁或者18 米以上深度的多岩石区域。偶尔会与海星形成结合体。

纹理
蜂窝状的表面呈彩虹色。

保护
它们为甲壳动物、软体动物和鱼类提供庇护所，能够分泌有毒物质

刺胞动物

刺胞动物相对比较简单，具有初级的辐射对称性。它的名字源于其所拥有的独特刺细胞，称为刺针或刺细胞。目前世界上大约有 1 万种刺胞动物，多数生活在海洋里。它们在形态上各不相同，或单一存在，或集群生活。刺胞动物包括海葵、水母、珊瑚、海鳃和淡水水螅。

一般特征

刺胞动物是最早拥有真正组织分化的动物，同时还拥有消化腔和早期的神经系统。此外，它们在移动中还表现出轻微的肌肉收缩。它们的体壁由两层细胞构成（外胚层与内胚层），两层细胞之间由中胶层隔开，中胶层具有支撑和塑形的作用。成年的刺胞动物个体拥有两种形态：水螅型和水母型。在某些刺胞动物或类群中，这两者是可以在其生命周期中相互转换的。

门：	刺胞动物门
纲：	4
目：	22
科：	278
种：	约1.1 万

钵水母
由于这些动物的水螅阶段有限，因此它们被称为水母。身体呈胶状，具有长长的触手。

一般特征

刺胞动物基本的身体结构是一种双层壁的囊，它有一个唯一的开口，这个开口被一圈到几圈触手包围着。它们的胃腔中布满了从形态到功能都已分化的细胞。食物的消化、气体的交换和废物的排出都是在胃腔中实现的。此外，当肠腔充满水的时候，能给予身体以支撑。

刺细胞是刺胞动物特有的一种攻击与防卫性细胞。主要存在于触手中，也可以存在于消化腔中。刺细胞的内部有一个刺丝囊，囊内盘旋着丝状的管。刺细胞外部有一根触觉敏感的纤毛。当受到外界刺激时，纤毛会发射出致痒的刺丝。刺丝上通常有刺，在移动时，会刺入物体、注射毒液。其他刺丝可用于缠绕猎

水母的繁殖

月亮水母是一种钵水母，其生命周期是二态型的，也就是说，在它的一生中，既有作为水螅的阶段，固着生活，无性繁殖；又有作为水母的阶段，到处活动，有性繁殖。

5 水母体
水螅的身体生长，并开始形成水母，水母像盘子一样堆积着。

4 水螅体
浮浪幼虫在水底定居，附着在某些表面上。在那里，它会长出口和触手，并转化为一只水螅。

3 浮浪幼虫
囊胚变长，变成一个有纤毛的幼虫，称为浮浪幼虫。

1 配子
成年水母通过减数分裂制造出精子和卵子，并且释放出来。

2 囊胚
受精卵通过陆续的细胞分裂，转变成一个囊胚，这是一个由细胞构成的中空球体。

幼年水母　　成年水母

钵水螅

卵子和精子

水螅体　　囊胚

浮浪幼虫

物。除了这种特别的捕猎方式，有的刺胞动物会张开带黏液的网来捕食猎物，网从口中发出，然后通过触手的运动收回。在刺胞动物的生命周期中，可以有两个不同的成年阶段：水螅型的刺胞动物通常呈现无柄的柱形，口位于最上端，被触手环绕着；水母型的刺胞动物是游动的，像是一个倒置的未附着的水螅，呈钟形，口朝下。

在这两个阶段都可以无性繁殖，但是通常只有水螅型会群体生活。在这两个阶段，所有无性繁殖产生的个体都会被肠腔聚集在一起。通常在这些新个体中会有任务的分工，据观察，可被分为捕食的水螅（营养个体）、防卫的水螅（指状个体）和负责繁殖的水螅（生殖个体）。水螅和水母可以相互转化，但是只有水母能够进行有性生殖。在水螅阶段时（比如水螅、海葵和珊瑚），它们会产生配子。

在这种情况下，在体外受精和胚胎发育之后，会形成一种会游泳的幼虫：浮浪幼虫。外部的细胞具有纵向的肌肉纤维，内部的细胞则具有循环的纤维，但并没有形成真正的肌肉。因此，尽管具有网状的、传导广阔的神经系统，但它们的运动能力仍然受限。在口的周围或者水母钟形罩的边缘可能有一个包围着的神经环。此外，钵水母和立方水母还拥有刺胞动物最复杂的感官结构——感觉棍，这是一种先进的器官，能感光，能进行化学探测。

刺胞动物门可以被分为四个纲：水螅纲、钵水母纲、立方水母纲和珊瑚虫纲。

珊瑚礁

珊瑚虫是珊瑚礁的制造者，是多种多样而又充满生机的海洋生态系统中最主要的建筑师。但是，如果没有居住在它们体内的微小藻类（虫黄藻）的协助，这些刺胞动物是无法完成这项庞大的任务的。这些藻类负责进行光合作用，同时能固定住大部分珊瑚的碳酸钙骨骼。有些刺胞动物会摄取它们的共生者所制造的产品，在必要的时候，甚至会以共生者本身为食。珊瑚礁是热带地区所特有的，它们的生存需要温暖的水温和光照，因此仅见于浅水区域。

绝妙的伙伴

有的刺胞动物会和其他生物形成奇妙多变的关系，其中最著名的就是海葵和小丑鱼之间的友谊了。除此之外，还有一些刺胞动物通过和其他生物的互动获得庇护或者"搭便车"。例如，地毯海葵（疣海葵等）生活在被寄居蟹占据的软体动物的空贝壳上面。海葵通过这种伙伴关系得到食物、"搭便车"移动，而寄居蟹则受到海葵的保护，抵挡了可能的入侵者。更有甚者，海葵为了防止寄居蟹长大后抛弃现有的"寓所"，会分泌一种几丁质物质，

使得贝壳随着寄居蟹的成长一同变大，有时甚至会把原本的贝壳完全替代掉。这种伙伴关系有时具有寄生性的特点，比如，水螅会寄居在鲟鱼的卵巢里。

其他辐射对称动物

淡海栉水母呈透明凝胶状，它们生活在海水表层。有 4 对游泳用的器官，由成排的纤毛组成，被称为栉板。栉水母有生物发光的特性。此外，它们有一些特殊的黏细胞，可用于捕捉猎物。栉水母在远离口的一边可以有 2 只触手。

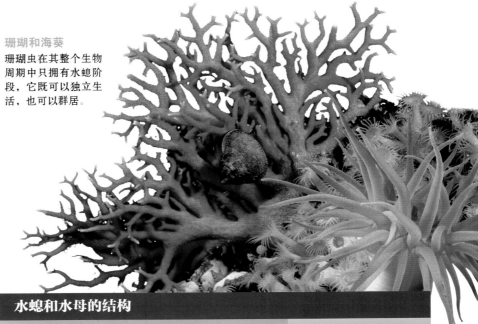

珊瑚和海葵
珊瑚虫在其整个生物周期中只拥有水螅阶段，它既可以独立生活，也可以群居。

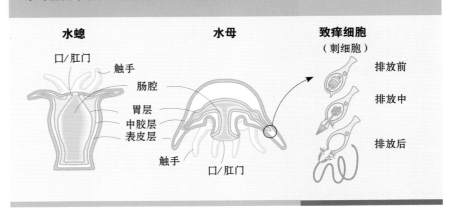

水螅和水母的结构

很显然，水螅和水母十分不同，它们不过是刺胞动物门下同一物种在适应不同生存环境——水底的生活和水表的生活后的身体形态变化。水螅呈现袋状，它们基本上是无柄的，无性繁殖。水母呈雨伞状，它们是移动的，有性繁殖。

刺细胞
刺胞动物拥有一种有毒丝的细胞，简单地摩擦一下就能排放毒素。刺胞动物通过刺细胞进行捕食和防御。

水螅
口/肛门
触手
肠腔
胃层
中胶层
表皮层
触手

水母
口/肛门

致痒细胞
（刺细胞）
排放前
排放中
排放后

腔肠动物

门：刺胞动物门	
纲：腔肠动物纲	
目：4~5	
科：多于70	
种：约2700	

腔肠动物大部分都是海洋生物，但它们也是刺胞动物门中唯一一个拥有淡水生物种的纲目。腔肠动物的寿命有长有短。水螅可以单独生活，也可以群居，有些种类具有一层几丁质的覆盖物或者碳酸钙的外骨骼，有些则没有。水螅体形很小，边缘很平滑，带有触手，其外胚层布满褶皱，半掩在其伞状物的开口处，被称为"缘膜"。

Hydra vulgaris
淡水水螅

体长：0.2~2 厘米
栖息地：淡水
分布范围：世界各地均有分布

这是一种身体呈圆柱状的单体水螅。在其口缘处有一圈，共6条触手。它的表皮和触手中含有大量的刺细胞，可用于防御和捕食。主要以小型甲壳纲动物为食，它会首先将猎物捉住，进而将其麻痹，送入口中。最终，猎物会被输送到肠腔，由分泌消化酶的腺细胞处理。这种水螅会在一年中最炎热的季节采用出芽的无性生殖方式进行繁殖，而有性繁殖的方式在秋天采用得较多。因为其体形微小，气体的交换和食物残渣的排出都是通过全身的表皮实现的。

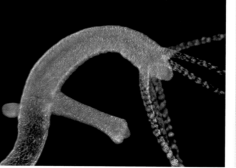

Porpita porpita
银币水母

体长：3 厘米
栖息地：海洋
分布范围：遍布于热带水域

外表像水母，但实际是由集群生活的一群水螅个体组成的。在它们的中心有一个充满气体的圆盘，功能是保持整个集群的漂浮状态。以小鱼、鱼卵和浮游生物为食。

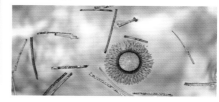

Craspedacusta sowerbyi
索氏桃花水母

体长：2.5 厘米
栖息地：淡水
分布范围：全球范围内的内陆水域

这种水母是半透明的，它的触角悬在伞形的边缘。短的触角用于捕食，长的触角可以在游泳时维持身体的平衡。在触角的基部有感光细胞。索氏桃花水母可以雌雄同体，也可以雌雄异体。

Millepora alcicornis
火珊瑚

体长：2.5 厘米
栖息地：海洋
分布范围：全球的热带水域

火珊瑚的珊瑚体由石灰质底座上生出的一些直立的板叶或分支构成，是重要且常见的造礁珊瑚。其外表呈黄褐色，这源于一种与其共生的微藻类——虫黄藻。虫黄藻能进行光合作用，因此，火珊瑚需要清澈的水域环境。

火珊瑚虫彼此被骨骼表面下的管道相连，这些骨骼位于表皮之外，又被群体的组织所覆盖。

火珊瑚得名于碰触它时会产生皮肤烧灼感。

外观
珊瑚分支的尖端比珊瑚株其他部分的颜色略浅。

钵水母

门：	**刺胞动物**
纲：	**钵水母**
目：	**5**
科：	**27**
种：	**200**

在这个海洋刺胞动物群体中，水母型占主导。既可以出芽生殖，也可以横向分裂。在它们的胃腔中有 4 个隔膜。肠腔中还有性腺和刺细胞。钵水母不具有缘膜，它的中胶层很发达，由细胞组成。口边通常有蓬松的或是连接在一起的触须。

Mastigias papua
巴布亚硝水母

体长：2~40 厘米
栖息地：海洋
分布范围：太平洋南部

巴布亚硝水母生活在海岸附近水域，不断游动或随波逐流。以水螅型状态存活 5 年，而以水母型状态最多持续 2 年。靠捕食浮游生物、鱼卵和鱼的幼苗为食。每天最多能过滤 1.32 万升水。

伞状体
它的伞状体布满了浅色的斑点。

地球的变化
持续性的全球气候变化直接影响了巴布亚硝水母的数量。

Aurelia aurita
海月水母

体长：25~40 厘米
栖息地：海洋
分布范围：全球范围
内温热的海域

海月水母有很多短短的触须，它们像刘海一样垂在伞开裂的边缘。有 4 个胃袋，其中分布着性腺以及一系列通往伞缘的放射状消化道。它们以水流中的浮游生物为食。食物由触须捕获，进而被送入口内和消化腔。

门：	**刺胞动物**
纲：	**立方水母**
目：	**立方水母**
科：	**2**
种：	**15**

立方水母

海黄蜂（澳大利亚箱形水母）呈箱形，具有一种拟缘膜结构和 4 个或 1 组触手。栖居于热带海域，主要分布在澳大利亚和菲律宾。

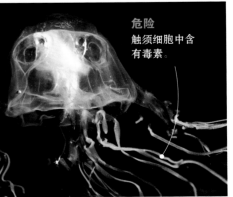

Chironex fleckeri
澳大利亚箱形水母

体长：80 厘米
栖息地：海洋
分布范围：太平洋的澳大利亚海岸

海黄蜂得名于它的毒性，其毒素是地球上威力最大的毒素之一。这些毒素被包裹在触须细胞中，稍有触碰就会被释放出来。这种神经毒素会攻击心脏和神经系统，同时激活所有痛觉中枢，使受害者完全麻痹。幼年水母仅有 5% 的刺细胞中含有这种毒素，而成年水母则有 50% 的刺细胞中含有此毒素，使它们能够捕捉更大的猎物。有几种海龟对箱形水母的毒素免疫，反而能以其为食。

危险
触须细胞中含有毒素。

Cyanea capillata
狮鬃水母

体长：36.5 米
体重：220 千克
栖息地：海洋
保护状况：未评估
分布范围：北极水域

最大的水母
它的触须长度据
估计可达70 米。

特征

这是世界上最大的水母。其身
体的 95％ 是由水构成的。作为一种
远洋动物，它们的栖息深度为水下
20 米。生命周期很短，大部分狮鬃
水母活不过生命中的第一个冬天，
寿命不足 1 年；只有少数能在幼虫
阶段之后继续存活。以浮游生物、
微型甲壳纲生物、小鱼甚至其他水
母为食。在暴雨多发季节或食物充
足时期，狮鬃水母喜欢结成大型集
群生活。

有性繁殖和无性繁殖

节裂的过程（无性繁殖）是指
小型水螅的横向裂变。这种小型
水螅被称为螅状幼体，是由浮浪
幼虫的变态形成的。每一个脱离
母体的芽体，都会逐渐成熟，进
行有性繁殖。

最古老的水母
它们早在6 亿年前就诞生了。现有的
化石记载中有与狮鬃水母类似物种
的化石。

致痒的触须

狮鬃水母可以拥有多达 150 条触须，它们
被分成 8 组，从伞形的边缘垂下。触须几乎都
是透明的，里面有数以百万计的刺细胞。当触
须接触到被攻击对象时，就会自动弹射出一种
类似标枪的装置，里面含有可致麻痹的毒素。

大小对比

人类　　　水母

放射对称
狮鬃水母的身体结构
都均匀地分布在一个
假想的中心轴周围。

肠腔
肠腔被分为4 个囊，
从这4 个囊延伸出一
系列精密的管道，可
实现消化、排泄和呼
吸等功能

伞膜
伞膜呈黏稠的胶状，其
密度是一致的，在伞的
边缘处会明显变薄

移动

受到其肌肉的限制，狮鬃水母只能通
过节律性的收缩进行垂直的和水平的位移。

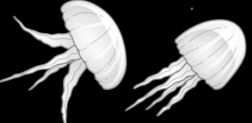

①　松弛的伞形
水能够进入肠腔

②　收缩的伞形
把水从体内排出，并
把排出的水作为助推器

触须
触须环绕着口生长，
触须内的刺细胞有助
于捕获和消化食物

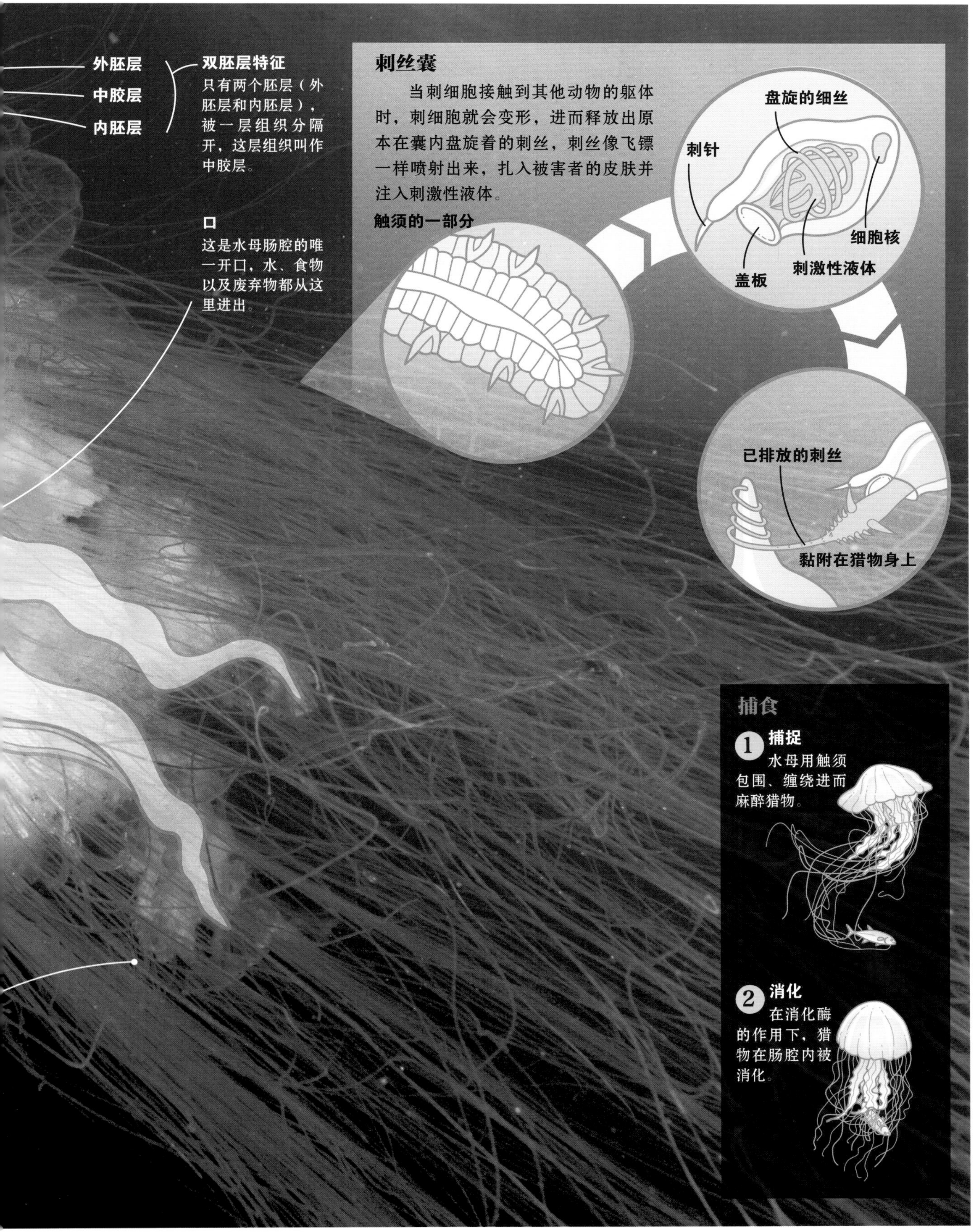

外胚层

中胶层

内胚层

双胚层特征

只有两个胚层（外胚层和内胚层），被一层组织分隔开，这层组织叫作中胶层。

口

这是水母肠腔的唯一开口，水、食物以及废弃物都从这里进出。

刺丝囊

当刺细胞接触到其他动物的躯体时，刺细胞就会变形，进而释放出原本在囊内盘旋着的刺丝，刺丝像飞镖一样喷射出来，扎入被害者的皮肤并注入刺激性液体。

触须的一部分

盘旋的细丝

刺针

细胞核

盖板

刺激性液体

已排放的刺丝

黏附在猎物身上

捕食

1 捕捉

水母用触须包围、缠绕进而麻醉猎物

2 消化

在消化酶的作用下，猎物在肠腔内被消化。

海葵与真珊瑚

门：刺胞动物

纲：珊瑚纲

亚纲：珊瑚亚纲

目：6

种：约4300

珊瑚纲的特点是个体以群居状态生存。肠腔由可增大吸收面积的纵向隔膜分隔。海葵或六放珊瑚亚纲拥有的触须和隔膜数目都是 6 或 6 的倍数。有些种类拥有光滑的外表（例如海葵），有些则拥有一只或多只珊瑚虫寄生的外骨骼（例如真珊瑚）。

Heteractis magnifica
公主海葵

体长：1 米
栖息地：海洋
分布范围：印度洋、太平洋

寄生物种

小丑鱼（*Amphiprion nigripes*）藏身在海葵中躲避天敌。

公主海葵独居或群居于水下岩石顶层，能接受日光直射的地方，与虫黄藻关系密切。寄生的虫黄藻决定了宿主的颜色，可呈粉、紫、白、褐或橙色。当察觉到攻击或周围环境不利时，它们会收缩甚至完全卷起触手。

Anemonia viridis
沟迎风海葵

体长：10 厘米
栖息地：海洋
分布范围：大西洋欧洲沿岸

沟迎风海葵的体色随着寄生其表面的单细胞共生藻的数量和种类的变化而变化，可能呈绿色、棕褐色或灰色。多数时间呈收缩状态，触手可多达 200 只，但不可同时收缩。

Antipathes pennacea
黑角珊瑚

体长：2 毫米（珊瑚虫）
栖息地：海洋
分布范围：美洲热带海域

虽然名叫"黑角珊瑚"，但这种珊瑚却呈红色或棕褐色。由主干分出长长的枝丫，从这些枝丫上又长出颜色更淡的枝丫。人们常把它们与海藻或死去的植物相混。低温有利于其繁殖，因此通常生长在水深 30 米左右的海底洞穴中或岩石下，这在珊瑚生物中并不常见。由于用这种珊瑚制成的珠宝极其明艳夺目，具有非常高的经济价值，因此，它们也被人称作"王珊瑚"。

Acropora sp
鹿角珊瑚

体长：2 毫米（珊瑚虫）
栖息地：海洋
分布范围：热带海域

鹿角珊瑚由群居的珊瑚虫堆砌而成，这种珊瑚虫能将溶解在水中的钙质吸收到它的组织里，也因此具有一层钙化表皮，表皮上的孔洞是某些微生物的栖息地。组成本体与钙质外皮的珊瑚虫均呈白色。聚居的珊瑚虫为肉食性，牙齿由浮游生物构成。感受到威胁时会收起触手。

栖息地

为方便单细胞共生藻的生长，此种珊瑚栖息在能接受阳光直射的透明水域中。

软珊瑚

门：	刺胞动物
纲：	珊瑚纲
亚纲：	海鸡冠亚纲
目：	8
种：	约3000

八放珊瑚是属于刺胞动物门的腔肠动物，其珊瑚虫拥有8条枝状触手，且肠腔被8片隔膜或肠系膜分隔开来。八放珊瑚包括喜爱群居的角珊瑚与软珊瑚，这些珊瑚的中胶层中有聚合程度不一的钙质骨针，某些个体的中心有能加固结构的角质材料，即珊瑚硬蛋白。

Gorgonia ventalina
柳珊瑚

体长：1.5米
栖息地：海洋
分布范围：加勒比及百慕大海域

柳珊瑚由数以万计的珊瑚虫堆砌而成，而这些珊瑚虫聚居在自己分泌出的钙化枝状骨骼之上。当口周围的触手收缩时，可以看到位于其间的小孔。柳珊瑚多生长在水质清澈的浅海水域，栖息深度为2米左右。为了对抗这个深度的强劲洋流，它们底部的吸盘能够牢牢地抓住底土层。

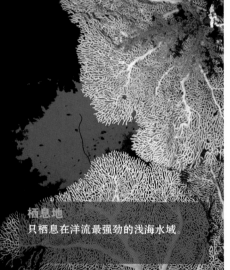

栖息地
只栖息在洋流最强劲的浅海水域

Dendronephthya sp
棘穗软珊瑚

体长：20厘米
栖息地：海洋
分布范围：太平洋、印度洋

棘穗软珊瑚生长在洋流强劲的海域，阳光无法直射的阴暗洞穴或悬岩下。在这种条件下，海藻无法繁殖，从而避免了与其他物种竞争。棘穗软珊瑚形状类似小树。

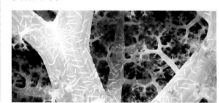

Tubipora musica
笙珊瑚

体长：直径1.5米
栖息地：海洋
分布范围：太平洋、印度洋

笙珊瑚外表呈红色，而其珊瑚虫却是灰色或绿色的，可以将身体缩回到骨架孔洞之中。珊瑚虫平行并列分布，每个个体之间通过一种通道网络连接。

Ptilosarcus gurneyi
海笔

体长：3毫米（珊瑚虫）
栖息地：海洋
分布范围：全世界
温带海域、热带海域

构成海笔的珊瑚虫分工十分明确，其中某些个体失去触手变成坚实的根茎，也就是底部主轴；其余珊瑚虫从这根中心茎上舒展开来，以形成功用不同的结构，如制造内部水流、进食或是繁殖。这种珊瑚的栖息深度可达10米。

生长
主轴上的圆环标志着海笔的年龄。

发光海笔
被触摸时，这种海笔可发出绿光。

扁形动物和纽形动物

扁形动物是能定向运动的所有生物中最简单、最原始的。它们的身体细长并已分极，扁形动物是最先拥有明显头部和集中化神经系统的两侧对称生物。扁形动物门包括自由生活的纲——涡虫纲和对健康至关重要的寄生虫类。扁形动物和纽形动物的特征以及整体结构都很相似。

一般特征

扁形动物都是虫类，它们在体积、形态和生活方式上各不相同。在体积上，最小的扁形动物只有几毫米，而最大的能达到数米。在形态上，它们有的呈带状，有的呈盘状或片状。涡虫纲的扁形动物能够自由地生活，它们可以生活在任何环境中，包括潮湿的陆地。扁形动物的其余两个纲则过着寄生生活。扁形动物都是两侧对称生物，它们的外胚层和内胚层之间被中胚层组织或间叶细胞完全填充（三胚层、无体腔）。

门：	扁形动物门
纲：	5
目：	33
科：	约400
种：	约2万

短膜壳绦虫
这是一种在人类和老鼠中最常见的绦虫，人和老鼠会因食用被携带绦虫虫卵的昆虫所污染的谷物而致病。

它们是身体扁平、两侧对称的生物，有的体长不足 1 毫米，也有的可长达数米。它们中的大多数生活在寄主的体内或体表。体腔、循环系统以及呼吸系统的缺失让这些动物身体呈扁平状，仅有背腹两面，同时它们的肌肉也很不发达。它们依靠简单的弥散作用来完成营养和气体的内部分配，以及新陈代谢废弃物的排出，毕竟它们的排泄器官也很原始。它们的口大多位于腹部表面，伴有一个咽，咽的形态在不同的种群中各有不同。接着是肠（没有肛门），根据不同的寄生生活方式，肠的形态也随之调整。涡虫纲的生物多是肉食性动物，其体壁能分泌大量黏液，并用之捕捉猎物。它们没有用于移动的附肢，营自由生活的扁形动物更多地靠体壁上的纤毛移动，而不是靠肌肉的收缩。它们的一些细胞能制造黏蛋白质的杆状体，在排出体外时能生成一种含黏液的颗粒，这种颗粒具有防御的功能。

看不见的保护层

多数扁形动物都是营寄生生活，它们有许多必不可少的特性。其中最显著的就是它们的体壁，也叫作皮肌囊。这是一个由细胞质构成的表层，不具有细胞壁，其细胞核和细胞体沉入到间质中。这层体壁赋予寄生虫抗酶及免疫的能力，防止它们被寄主消化掉。对于猪带绦虫来说，由于没有肠道，其体壁会进行折叠，形成大量微毛，以增加吸收营养的表面积。而对寄生虫而言，用于移动的纤毛只存在于幼虫阶段。

组织的再生和繁殖

扁形动物的繁殖能力非常卓越：假如涡虫身体的一部分从躯干上脱落，这一部分将会生出完整的涡虫。此外，它们有很强的无性繁殖的能力。大部分扁形动物是雌雄同体的，它们的受精方式是体内受精，而其生殖器官算是动物世界里特别复杂的一种。

多样性

扁形动物门所涵盖的物种极为多样，它们小到几微米，大的长达数米。既有陆地生的种类，也有水生的种类。水生物种在淡水和海洋中都有分布。

分类

涡虫纲：涡虫纲大部分动物营自由生活，它们的分类具有争议性，但根据消化系统和神经系统的差异进行区分，它们主要有三条进化主线。栖居在水中或者非常潮湿的环境中。咽可以伸到身体之外。这一纲包括淡水涡虫和颜色鲜艳的海生涡虫。

吸虫纲，单殖亚纲：它们呈叶片状，有前固着器（口部吸盘）和结构复杂的后固着器（后吸器）。其尺寸从几毫米到2厘米不等。每一个虫卵都会生成一个游动的幼虫，它们会固定在最终寄主的体内，在那里长成成虫。单殖亚纲包括在鱼类、两栖动物和爬行动物的体表或半体表（寄主体外或通向体内的开放腔中）寄生的无脊椎动物。鱼类的鳃一旦感染单殖亚纲寄生虫，就会大量死亡，造成严重的经济损失。

吸虫纲，复殖亚纲：这一亚纲包括体内寄生的肝片形吸虫，呈长长的片状，同样具有两个吸盘，分别在口部和腹部（基节臼）。这一亚纲生物的数量最多，它们的生命周期很复杂，有多种形式的幼虫（如毛蚴、胞蚴、尾蚴和囊蚴等）和至少两个寄主。它们在第一个寄主体内经历多个幼虫阶段，几乎像一个软体动物。成虫会寄生在任何脊椎动物体内，也包括人类。吸虫纲中最为人熟知的种类是肝片形吸虫。据估算，全世界约1/4的牛和羊都会受到这种寄生虫的侵

纽形动物门或吻腔动物门

这些"带状虫"是贪食的肉食性动物，它们用一种可外翻的管状嘴来捕食猎物，这种嘴里通常有牙齿，能分泌有毒物质。这一门的大部分生物是在海洋中营自由生活的，也有一些是淡水生、陆生且共生的。在纽形动物的身体中首次出现了肛门和简单的循环系统，这个循环系统的功能是在纽形动物实心且不分节的身体中分配气体和营养物质，这使纽形动物和扁形动物在身体构造上得以区分开来。纽形动物多数是雌雄异体的。

长条状

这些虫类极其细长。有些物种的体长能超过30米。

害。被这种寄生虫侵入体内后会产生严重的肝病损伤，甚至致命。

绦虫纲，真性绦虫亚纲：这一亚纲包括有钩绦虫和普通绦虫。体内寄生的成虫身体呈带状，被分为小的单元（节片），前固着器有钩子或者吸盘（头节）。没有消化系统。绦虫纲通常是雌雄同体的，每一个节片都有生殖器官。在受精之后，身体后部几个充满受精卵的节片会从身体上脱落，同寄主的排泄物一起排出体外。受精卵会变成一只带有6个钩子的幼虫（六钩蚴）。它们的生命周期非常复杂。有的绦虫阶段性地在水中生活，

有的完全在陆地上生活，所以不同的绦虫有不同种类的幼虫和寄主。当寄主摄入虫卵后，会引发严重的疾病，比如囊虫病或者棘球虫病。牛带绦虫是最著名的绦虫之一，其长度可达9米，最多能有2000个充满虫卵的节片。当这些节片断开，虫卵就会随寄主的粪便排出体外。被其污染的牧草又被牲畜食用。虫卵进入牲畜体内后，会在其肌肉中生长。人类在吃到生的或不全熟的牲畜肉时就会感染寄生虫。另一个极端案例是一种叫细粒棘球绦虫的带钩绦虫，可导致包虫囊肿。

涡虫

门：	扁形动物门
纲：	涡虫纲
目：	12
种：	4500

涡虫是小型的扁形动物，基本都属于营自由生活。它们通过纤毛在海底或者淡水中移动，也有少数居住在潮湿的陆地上。腹部的口可延续到咽，咽是可伸缩的，构造相对复杂。接下来是肠，它分成多个分支，蔓延到体内各个角落。它们有多种感官，其中比较突出的是眼点。

Pseudoceros dimidiatus
断裂扁形虫

体长：8 厘米
栖息地：海洋
分布范围：印度洋和太平洋西部

它们身躯较大、边缘弯曲，艳丽的颜色标示着它们所具有的毒性。大约有 100 个眼点、1 个折叠的咽和有许多分支及憩室的肠道。在它们的腹部有一个肌肉发达的、黏着的腺体。它们的雌性繁殖器官是涡虫中最原始的，卵巢产生卵子，其细胞质中装有储备物质，生长中的幼虫就以这些储备物质为食。雄性交配器位于躯体的前部。栖居于珊瑚礁。

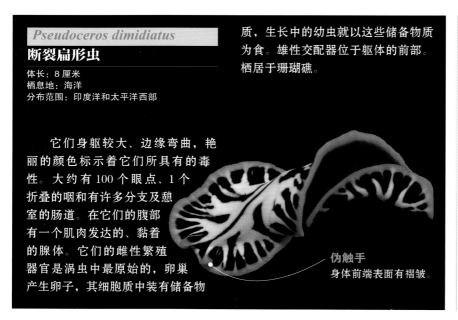

伪触手
身体前端表面有褶皱。

Dugesia tigrina
虎纹三角涡虫

体长：3~12 毫米
栖息地：淡水
分布范围：遍布世界各地

常见涡虫，呈棕色，拥有 1 对眼点和 1 对用来嗅味的头部突起。进食的时候会展开它圆柱形的咽。咽的下方是一个有三条分支的盲消化道。能通过交配产生多个胚胎。

Thysanozoon brochii
蜉涡虫

体长：5 厘米
栖息地：海洋
分布范围：地中海和大西洋东部

它们的身体形似树叶，呈棕红色，尽管有时会根据所处的位置变为黄色色调。生活在岩石基质及各种底栖生物的集群上，比如海绵动物或者苔藓虫。栖息深度可达 80 米。当它们探测到食物，比如被囊类动物或者小型甲壳纲动物，就会分泌黏液并包裹住猎物，投射出咽，吮吸猎物的营养。由于没有肛门，所有不易消化的成分都会通过口排出体外。

Pseudobiceros hancockanus
贝德福德扁形虫

体长：8~10 厘米
栖息地：海洋
分布范围：印度尼西亚、马来西亚、肯尼亚和澳大利亚

这种扁形虫身体底色为黑褐色，分布着典型的横条纹图案，条纹为红色或黄色。以海鞘和海湾或珊瑚礁周围的小型甲壳类生物为食。雌雄同体，但与扁形动物门的其他成员不同的是，它们的繁殖方式非常奇特——在交配时，两个雌雄同体的贝德福德扁形虫要经历一场决斗，因为双方都试图用双头匕首状的白色阴茎让对方受精。当一方的阴茎刺进对方皮肤并将精子注入对方体内时，它便赢得了决斗的胜利。而它的对手便要承担做母亲的责任。这种试图让"性伴侣"受精的战斗一般持续 20 分钟到 1 个小时。

寄生虫

| 门：扁形动物门 |
| 纲：2 |
| 亚纲：6 |
| 种：约1.55万 |

扁形动物中的寄生种群有着特殊的体壁，在这些种群中，有单殖类的肝片形吸虫（体表寄生虫）和多种体内寄生虫。后者包括复殖类的肝片形吸虫和绦虫。它们在幼虫或者成虫阶段会对寄主的健康造成很大损伤，甚至导致寄主死亡。

Taenia solium
猪肉绦虫

体长：3~4 米
生存环境：活体，猪与人类
分布范围：全球（除禁止食用猪肉的国家）

成虫呈淡黄色。通过吸盘和带移动钩的纤毛冠紧紧地吸附在动物的小肠上生活。身体分为几段，每段都拥有 5 万 ~6 万颗虫卵。当绦虫的身体分裂时，这些虫卵会随着排泄物从寄主体内排出。

生存
虫卵在发育成熟之后被排出，虫卵上覆盖着一层厚厚的保护层，以防止虫卵变干。

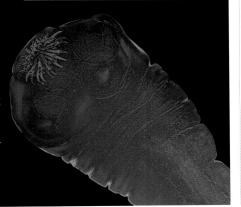

Fasciola hepatica
牛羊肝吸虫

体长：2~3.5 厘米
生存环境：其他活体腹足软体动物和哺乳动物体内
分布范围：美国、澳大利亚和南非

牛羊肝吸虫呈椭圆形，有两个吸盘，宽为 1~1.5 厘米。

体色呈白色或灰棕色。外皮表面呈褶皱状，以便更好地吸收营养物质。

寄生在草食性动物、杂食性动物甚至人类的胆管和胆囊中，它们的名字也由此得来，也会把虫卵存放在寄主的这些部位。其繁殖能力取决于其所处的生态条件和营养的摄入。

Gyrodactylus sp.
三代虫

体长：0.3~1 毫米
生存环境：寄生在淡水鱼类身上
分布范围：热带

三代虫是一种单基因的椭圆形寄生虫，身体后缘有数个小钩，中间有 2 个大钩，可帮助它们固定在寄主身上。它们寄生在鱼的皮肤或者鱼鳃上，同时能够攻击鱼类身体的任何部分，甚至眼睛。在寄生的早期，由侵入导致的症状尚不可见，只能靠观察鱼的行为来判断；但随着寄生时间的延长，鱼的皮肤会发红、变暗。靠吸食寄主的血液为生，在寄主死亡后仍然可以在短时间内存活。繁殖出的新三代虫有一段幼虫阶段是营自由生活的，直到找到新寄主为止。

Schistosoma mansoni
曼氏裂体吸虫

体长：10~12 毫米
生存环境：寄生在扁卷螺和人类体内
分布范围：非洲和南美洲、安的列斯群岛的热带地区

曼氏裂体吸虫是唯一一种雌雄异体的复殖类寄生虫，身体细长。雄性曼氏裂体吸虫腹部有一条抱雌沟，雌虫可以钻进这里与雄虫进行交配。雌虫比雄虫体形更细、颜色更深。雌虫和雄虫分开后，会沿着人类结肠的主静脉游向毛细血管，并把虫卵排放在毛细血管中。如果虫卵被困在人体组织内，就会引发血吸虫病。而如果虫卵能穿过肠壁，则会随着寄主的排泄物被排出。当排泄物中的虫卵接触到水源时，会孵化生成一种血吸虫毛蚴，毛蚴会在水中寻找它的中间宿主——钉螺。

雌性与雄性
雌性和雄性曼氏裂体吸虫最大的区别在于体形。雌虫只有0.11毫米长，而雄虫长达10~12毫米。

线虫动物及其他

线虫和其他两侧对称动物的身体形态像一个充满液体的囊，其中的内脏都是独立于体壁的。我们把这种假体腔动物统称为"袋形动物"。如今人们通常认为，线虫和节肢动物关系十分密切，它们共同组成蜕皮动物（蜕皮，即换羽）。

一般特征

圆虫（又称线虫）体形细长，它们是两侧对称的假体腔动物，没有分节，但有厚厚的角质层。角质层的存在，使线虫得以适应几乎所有环境：它们能忍受干旱、急剧的气温变化以及各种化学试剂。绝大多数线虫营自由生活，但有些也是植物寄生虫、动植物寄生虫和动物寄生虫。其中动物寄生虫由于其对农业和健康的重要影响而最为人所熟知。

| 门：线虫动物门 |
| 纲：2 |
| 目：12 |
| 科：约160 |
| 种：约2万 |

蛔虫
蛔虫的后端不同于泡翼线虫属的生物，它具有尾侧滑膜囊，两个骨针，中部有泄殖腔。

圆柱状体形

线虫动物身体细长，表面由柔韧的角质层包裹，这使线虫动物有了圆形的身体横截面。线虫的头部很难辨认，因为它并不是进行头向运动的。线虫动物具有第三个胚胎，它部分填充了胚腔，让内脏脱离假体腔独立存在，而不像真体腔动物那样，内脏被中胚层的腹膜包围着。尽管如此，真体腔动物和假体腔动物之间仍具有一些共同的适应能力。假体腔内充满液体，有利于线虫的运动，能起支撑作用，能在肌肉的帮助下伸长嘴和附肢，等等。同时假体腔可以作为营养物质和气体的仓库和运输载体。线虫动物只具有纵肌，其作用是在体腔液体中像鞭子一样摆动，从而像波浪一样从身体的一端移动到另一端。这种收缩纤维在动物世界中几乎是独一无二的，

解剖构造

线虫身体呈线状，营自由生活的种类长度一般不会超过2毫米。雄性线虫体形相对较小，可以通过其弯曲的尾部和雌虫相区分。其消化系统包括口腔、食管和肠道。口中一般具有适用于进食的刺。从横截面图能看到其厚厚的角质层和特有的纵向肌理。

运动

线虫通过身体的波浪式运动进行移动。在向下凹的区域，其肌肉是收缩的；而在凸起的部分，其肌肉是放松的。

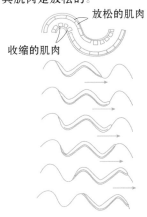

放松的肌肉

收缩的肌肉

因为它们是通过细胞的延长去寻找主神经索，而不是像其他大多数动物那样，情况正好相反。

线虫的饮食结构各不相同：有些是肉食性的，有些是草食性的，而生活在沉积物中的线虫则以细菌和真菌类植物为食。线虫的消化道是完整的，口后有一个口囊，口囊内壁角质层加厚，形成了唇、钩、齿、板或者乳突。

口囊之后为咽（饮食结构不同，咽的结构也不同，但内切面都是三角形的）、肠道和肛门，雌性线虫只有简单的肛门，雄性线虫除肛门外还有泄殖腔，这也是它们的生殖系统的终点。循环系

心丝虫

心丝虫是一种在血液中发现的线虫。它们寄生在犬类等肉食性哺乳动物的身体中。

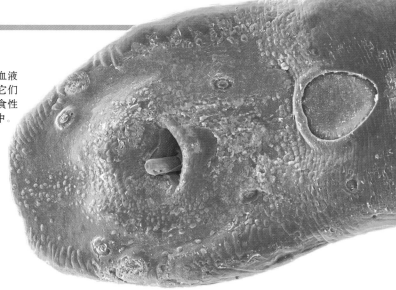

统和呼吸系统的缺失限制了线虫的体形，其他寄生虫则没有受到这种限制。线虫具有特殊的代谢用腺型细胞，也称肾细胞，可能伴有"H"形或"Y"形的管形排泄器。其神经系统是由食管周围的一个围咽神经环和一个背神经索及一个腹神经索构成的。由此产生了对刚毛、乳突和某些化学品感受器结构的神经支配：头感器和尾感器。头感器位于身体的前部，而尾感器位于线虫的尾部。

线虫动物是雌雄异体的，并且可以单性生殖。其性别差异很有特色：雄虫体形相对较小，身体一端是弯曲的，且具有协助交配用的交合针。有些种类的雄虫尾部还有一个囊，称为尾囊袋。它们在经历了4个线状幼虫阶段后，会蜕变为成虫。在许多寄生物种中，第三个幼虫阶段是有危害性的。成虫不会再蜕皮。

其他蜕皮动物

同线虫和节肢动物一样，有许多族群的假体腔动物通过蜕皮的方式生长，其中有的小到用显微镜才能看到。这其中包括：线虫动物门（形状像丝线一样）或者马鬃蠕虫；动吻动物门或棘皮动物门（它们的嘴能动或脖子上有刺）；铠甲动物门（具有骨架或鳞片甲）；鳃曳动物门（取自普里阿普斯，希腊神话中掌管生育的神）。

冲突关系

自古以来，线虫因为对人类有害而闻名。最古老的事件可以追溯到古代中国，当时由肠道寄生虫，也就是蛔虫而引发的症状已有记载。古埃及的医生描述过某些类型的丝虫病，这是由昆虫叮咬传播的疾病。据一些研究表明，有些地区禁食猪肉的古老禁令可能和旋毛虫病有关，这种病是由旋毛虫引起的。线虫能引起许多疾病，包括对儿童来说高发病率的蛲虫病、钩虫病。许多影响家畜或野生动物的寄生虫都能传染给人类。这样的疾病被称作动物传染病。其中一个例子就是弓蛔虫病，它由猫、狗等家养动物传播给人类，能导致严重的神经系统问题。

分类

线虫动物的分类存在争议，其分类主要基于形态学分析和分子构成建模。依据比较传统的形态学分析，线虫动物主要可以分为两个纲目。

有腺纲：有腺纲动物只具有感觉毛和简单无管的排泄器官。它们大多营自由生活，海洋生、淡水生、陆生的都有，也包括少数寄生物种。有腺纲包括两个亚纲：刺嘴亚纲和色矛亚纲。

尾感器纲：尾感器纲动物既有感觉毛又有尾觉器。此外，它们还具有若干层角质层，具有管状排泄器官。它们几乎全部是陆生动物，很少有淡水生和海水生动物。绝大多数寄生物种都是尾感器纲生物。它包括三个亚纲：小杆亚纲、旋尾亚纲和双胃线虫亚纲。

线虫动物

门：	线虫动物门
纲：	2
目：	17~21
科：	无数据
种：	2.6 万

线虫动物物种数量庞大，每平方米面积内线虫数量之多，使它们成为生命链条中起基础性作用的一个环节，有的线虫甚至对使用生物手段防治虫害具有重要意义。然而，线虫中的寄生虫类也因其对作物和人类健康造成的极大危害而为人们所熟知。

Ancylostoma duodenale
十二指肠钩虫

体长：1.1 ~ 1.8 厘米
栖息地：陆地
分布范围：亚洲、非洲、美洲和大洋洲的热带和亚热带地区

十二指肠钩虫是一种肠道寄生虫，它能影响人类的健康。根据口的特征可以区别于其他类似的蠕虫。被感染的人每天会通过粪便排出超过 100 万颗的虫卵。这些虫卵孵化后，第一阶段的幼虫（杆状）会在粪便或者土壤中生长。它们会在一个星期内完成两次蜕皮，成为丝状幼虫。丝状幼虫能够穿透皮肤，通常是通过足部皮肤进入血管或淋巴管，并通过这些管道到达心脏。继而从心脏迁徙到肺部，沿着气管向上进入消化系统。成虫居住在肠道中，靠吸食组织液和血液为食。

带钩的牙齿
钩虫用带钩的牙齿附着到肠壁上，有时可能导致肠道出血。

Ascaris lumbricoides
蛔虫

体长：30~35 厘米
栖息地：陆地
分布范围：世界范围

它们具有类似于蚯蚓的细长圆柱状体形。能导致蛔虫病，这是世界上最普遍的人体寄生虫病之一。患病始于人类摄入带有虫卵的食物和水，或者与被虫卵污染的患者进行皮肤接触。虫卵进入十二指肠，幼虫在消化液的帮助下从卵中释放出来。随后它们又迁移回十二指肠，在这里完成生长过程，并发育为成虫。雄虫和雌虫在这里繁衍，雌虫每天可以产下 20 万颗虫卵，虫卵随后随着寄主的粪便被排出体外，从而完成了生命的循环。

Dirofilaria immitis
犬心丝虫

体长：20~30 厘米
栖息地：陆地
分布范围：世界范围

犬心丝虫主要的寄主是家犬，也可以寄生于野生犬科动物体内，如丛林狼、狼和狐狸。通过感染的蚊虫传播，当蚊子叮咬时，会把犬心丝虫的幼虫转移给被叮咬的动物。幼虫进入寄主体内并迁移至身体组织的各个部分。当幼虫发育完成后，年轻的成虫会进入血管，随着血液流入肺动脉及心脏。它们在这里繁殖并释放出幼虫（微丝蚴）。犬心丝虫可能会导致寄主患上心肺疾病、肝脏疾病和肾脏疾病。

Trichinella spiralis
旋毛虫

体长：1.6~3.5 毫米
栖息地：陆地
分布范围：欧洲、亚洲和北美洲南部

旋毛虫会导致旋毛虫病。任何一种哺乳动物只要食用了被感染的生肉，就会致病。人类致病的原因主要是食用了未做熟的带有囊包的猪肉。囊包被摄入体内后，会把旋毛虫的幼虫释放到肠道中，幼虫穿过肠道黏膜，只需 30~40 个小时就能转化为成虫。成虫交配 3 天后会产下新的幼虫，这些幼虫在 5 天内又会发育至性成熟。穿过肠黏膜的幼虫会进入体内循环系统，被运输到体内各处。它们也会侵入肌肉纤维，形成囊包。

微型世界

门：6	
纲：未知	
目：未知	
科：未知	
种：约4100	

世界上存在一些体形极其微小的、有假体腔的无脊椎动物族群。它们大多数生活在海底，不具备循环器官和呼吸器官。具体栖息位置不确定，不迁徙，营自由生活，或是附着在海底或其他水生动物身上。这些微型动物属于内肛动物门、环口动物门、腹毛动物门、颚胃动物门、轮形动物门和棘头动物门。

Keratella
龟甲轮虫

体长：0.1~0.5 厘米
栖息地：淡水
分布范围：世界范围

它们主要分布在淡水中，少数在海水中生活。它们既能栖居于庞大的水体，也能适应小水塘环境。它们在食物匮乏时亦能维持生命，因此，能够在大型浮游生物无法生存的贫瘠环境中活下来。龟甲轮虫体形很小，部分身躯下陷，被一层"壳"覆盖，这层壳由两块板构成：一块背板和一块腹板。龟甲轮虫的前缘通常有6根刺，后缘有 1~2 根刺。刺的数目、位置和形状可作为区分其种类的分类学特性。背板的形态特征也具有分类学的意义。它们拥有可帮助进食和运动的纤毛冠。

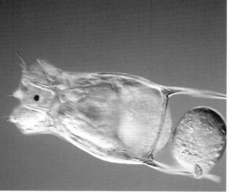

Philodina
旋轮属轮虫

体长：0.1~0.5 厘米
栖息地：淡水
分布范围：世界范围

旋轮属轮虫包括一些在淡水中常见的轮虫。它们身躯细长，呈透明状，有 1 个足，足上有 4 个指状突起。其胸部角质层薄而光滑，有 2 个前眼点。至今尚未发现雄性旋轮属轮虫，其群族完全由雌性构成。因此，它们无法进行有性繁殖，而是通过一种叫作孤雌生殖的方式繁衍后代。雌虫产下未受精的虫卵，虫卵自会产生新的雌虫。

Symbion pandora
潘多拉共生虫

体长：347 微米
栖息地：海洋
分布范围：大西洋的东北部和地中海

这是一个新发现的物种，由于未发现它与已知物种有任何明显的亲缘关系，因此，被归入到一个新的生物门类。这一生物门类因其前部的纤毛冠而被称为环口动物门。栖居在挪威海螯虾（*Nephrops norvegicus*）的嘴里。在这两个物种之间存在一种共生关系，潘多拉共生虫以海螯虾的食物残渣为食。它们的生命周期非常复杂，既有无性繁殖，又有有性繁殖。

Macracanthorhynchus hirudinaceus
猪巨吻棘头虫

体长：50 厘米（雌性）和 10 厘米（雄性）
生存环境：寄主
分布范围：温带和热带

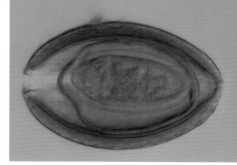

猪巨吻棘头虫是体形最大的棘头类体内寄生虫之一，它能寄生在猪、野猪、西猯及相关物种体内。成虫呈白色，背部和腹部略扁。雌虫体形较大，体长可达 50 厘米，而雄虫则不会超过 10 厘米。身体上覆盖着一层专门的薄角质层。身体前端有一个可伸缩的中空的附件（吻），上面生有数个倒钩。吻会随着吻腺的动作被排出，吻腺是位于颈部的充满液体的囊。这种棘头虫没有口、消化道和肛门，直接通过皮肤吸收营养来获取食物。

软体动物

软体动物是除节肢动物之外种类最为丰富的无脊椎动物门类。它们具有很强的环境适应能力，在海洋、淡水和陆地上都有分布。目前已知有大约10万个现存软体动物物种（蜗牛、蛞蝓、蛤蜊、鱿鱼和章鱼）和大约3.5万个已经灭绝的物种，比如菊石。软体动物一向为人们所熟知，它们对生态环境非常重要，并和人类紧密相关。

一般特征

它们是身体柔软不分节的无脊椎动物，一般体表有一层外壳作为保护。体腔很小，环绕着心脏。其繁殖特点和担轮幼虫的存在，把它们和环节动物紧密地联系在一起。全球渔业的20%是基于软体动物的。有些培育的软体动物品种是或曾经是重要的食品、药品、珠宝、纽扣制造等的来源。有些软体动物是蔬菜作物的害虫，会引发工业层面的问题或者传播寄生虫病。

门：软体动物
纲：4
目：62
科：515
种：27977

资源
这个物种繁多的群体为人类贡献了食物，它们自身及其产品都可以成为贸易中的商品。

软体动物在形态和行为上有极大的多样性，但其结构都可以分为头、足、内脏团、外套膜。外套膜自身可以伸展和折叠，能够在与身体其余部分保持一个整体的同时，形成一个与外界相通的室，即外套腔。在外套腔中嵌有叶状鳃丝所构成的鳃，也叫栉鳃。软体动物可以通过栉鳃清理、排出消化残渣、排泄物和繁殖产物。在进化过程中，这种原始结构经历了巨大的改变，软体动物中比较高等的物种甚至改变了典型的两侧对称。总体来说，软体动物的运动是依赖肌肉足的收缩波动，肌肉足会因为血淋巴液的流动而膨胀，同时黏液和足部纤毛也起到了很大的辅助作用。外套膜中具有大量腺体，能够分泌物质形成骨针、骨片或者保护柔软身躯的钙质外壳。外壳分三层：外层是角质层，材质为有机物（贝壳素），能防止下面的碳酸钙壳层被腐蚀溶解；中层由垂直于表面的棱柱体组成；内层由套膜分泌而成，有些具有彩虹色光泽，这就是珍珠层，或者叫珍珠母。能形成珍珠的主要是双壳动物。当异物侵入贝壳和外套膜之间时，双壳生物就会分泌出包裹异物的珍珠质。经过一段时间后，就会形成一颗珍珠。这样产生的珍珠大小、颜色和外观都不尽相同。

分类

无板纲
例：龙女簪

多板纲
例：石鳖

单板纲
例：毛螺属

腹足纲
例：海洋和陆地蜗牛和蛞蝓

头足纲或管足纲
例：鹦鹉螺、鱿鱼和章鱼

双壳纲
例：蛤蜊、贻贝、牡蛎

掘足纲
例：象牙贝

饮食结构

软体动物的食物结构非常多样。它们包括食草动物、食肉动物、食腐动物、食残屑动物、食悬浮体动物甚至寄生虫。

它们的消化系统是完整的。在口腔底部有一种软体动物特有的结构——齿舌，由一条带有细齿的膜带构成。有一个齿舌软骨轴支撑着齿舌，软骨及一系列肌肉负责将齿舌推向外面并收回。齿舌上的细齿会不断地老化、磨损、丢失，膜带后端的上皮细胞会不断分泌新齿以补充。每个物种的齿舌形态会根据饮食结构做出调整，不同物种的食物，其齿舌的细齿数目、形状和排列都各不相同。食用海藻的软体动物有许多细小的牙齿；食肉的软体动物牙齿偏少，但是它们的牙齿更尖利、更利于撕碎食物。同样，摄取的食物不同，其消化器官也会有区别。

其他内部器官

软体动物的循环系统是开管性的（头足动物除外），包含一个心脏，心脏由心室、心耳和主要的脉管组成，脉管将血液输送到头部、足部、内脏和外套膜。

软体动物的排泄系统包括两个肾，它们连通体腔和套膜腔，以氨的形式排出含氮的废物，对于陆生腹足动物来说，则是以尿酸的形式排出。头部有一系列由神经节支配的感觉器官：眼睛、触角和触须。在外套腔里以及每个栉鳃（软体动物特有的鳃）的基部都有化学感受器，称为嗅检器，负责探测周围水的水质和内容物。软体动物总体上是雌雄异体的，但也有些物种是雌雄同体或者孤雌生殖的。从卵中产生原始的浮浪幼虫，后面通常紧接着又是面盘幼虫。在其他情况下，发育过程则是直接的。

与人类的关系

软体动物不仅仅是某些传统菜肴的主要原料，在很多故事中都能体现软体动物与人类之间亲密又古老的关系。希腊词汇 *"phoenix"* 的意思是紫红色。腓尼基人被称为"紫红色的人"是因为他们贩卖的紫色布匹。这些布料是用骨螺腺体分泌物中所提取的色素染制而成的，这种螺在腓尼基（如今的黎巴嫩）非常普遍。据亚里士多德说，所谓的"泰尔紫"（染料的名字）的价值相当于其重量的 20 倍的黄金。现在所公认的最早流通的货币大概就是由宝螺科的螺壳制作的，尤其是黄宝螺等，它们早在公元前数个世纪就被亚洲、非洲和太平洋南部的部落用于贸易流通。比如，一只母鸡价值约 25 贝币，一头母山羊价值约为 500 贝币，一头母牛价值约为 2500 贝币，一个健康的年轻女人能卖到 1 万~1.25 万贝币。掘足纲贝类的贝壳也被用作钱币，此外，它们还作为点缀品被用于美洲太平洋海岸从阿拉斯加到加利福尼亚的土著人的庆典服饰。贝类成就了许多器具、珠宝和数量众多的建筑艺术品。这样，我们得以目睹从砗磲中诞生的美丽女神（名画《维纳斯的诞生》）；扇贝的贝壳则成了圣地亚哥朝圣的纪念品。此外，在萨拉曼卡的贝壳之家（14—15 世纪）以及在浸礼上用的圣水池中都能看见贝壳的踪影。

假说中的远古软体动物

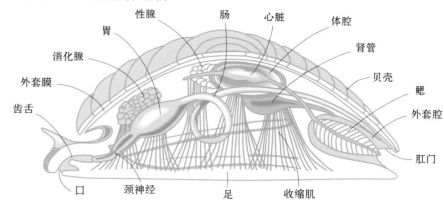

性腺　肠　心脏　体腔　肾管　贝壳　鳃　外套腔　肛门　收缩肌　足　颈神经　口　齿舌　外套膜　消化腺　胃

齿舌

许多软体动物的嘴中有一种专门用于捕食的结构。这个结构由角质构成，有细齿，有助于它们捕食猎物并摄食岩石上的藻类。种群不同，其齿舌的形态也各异，因此科学家们会根据齿舌的形态来区分软体动物。

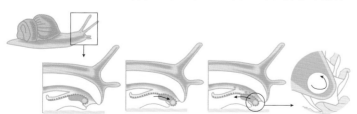

这个"长牙齿的舌头"是软体动物的特征，它们用它来刮擦和撕裂食物。

无板纲和单板纲

门：软体动物门	
纲：2	
目：6	
科：29	
种：331	

无板纲动物没有壳，只有鳞片或者钙质的骨刺。作为海洋生物，它们形状类似蠕虫，没有眼睛，也没有触角和肾管。单板纲动物生活在深海之中，只有一个壳，没有眼睛，器官是重复的。无板纲动物在柔软的海底开凿坑洞穴居，它们是雌雄异体的。而单板纲动物生活在海底或者寄生在刺胞动物身上并以它们为食，是雌雄同体的。

Neopilina galatheae
新碟贝

体长：3.7 厘米
栖息地：海洋
分布范围：太平洋东部

它们的口位于腹侧前端，每边都有一个触角。有 5 对鳃。它们在 1952 年被发现于约 3570 米深的海洋深处。其生态学特征鲜为人知。

形态
它们的贝壳和足几乎是圆形的。

Acanthomenia arcuata
无板纲贝类

体长：无数据
栖息地：海洋
分布范围：大西洋东部

这种小型软体动物具有数个细长的钙质骨刺，嵌在外套膜之中，使其外观布满小刺。腹部有一个腹沟踏板。身体的肌肉系统呈现出一系列腹部侧向斜纹纹理。栖居于 2000~4000 米深的海水水域。

门：软体动物	
纲：多板纲	
目：新石鳖目	
科：10	
种：600	

石鳖

石鳖是海洋生物，附着在沿海的礁石上生活。身体扁平，外套膜包裹着 8 块背侧贝壳，头部很小，有腹足，外套腔被分成两个槽，有多个鳃。它们是雌雄异体的。

Katharina tunicata
黑凯蒂石鳖

体长：12 厘米
栖息地：海洋
分布范围：太平洋东北部

黑凯蒂石鳖的色彩暗淡的外套膜形成了一个远远超出甲片宽度的大腰带。它的贝壳呈扇形，颜色为棕色，很清晰。腹足完全被外套膜覆盖，呈深橙色。

Tonicella lineata
排石鳖

体长：5.1 厘米
栖息地：海洋
分布范围：印度洋和太平洋

排石鳖体形很小。栖居于多石礁海岸和珊瑚礁上，与珊瑚上的海藻联系紧密，这种海藻是它们的主要食物。它们占据着沿海潮间带和潮下带区域。

颜色
排石鳖的贝壳上有玫瑰红色、蓝色或者白色的"之"字形花纹，有时候呈现一排清晰的斑点或条纹。

蜗牛和蛞蝓

　　这是软体动物中个体数量最多的群体，其中 2/3 生活在海洋中，剩下的 1/3 通过不同的方式成功地适应了淡水和陆地环境。它们在形态上与软体动物的基本身体构造不一样，有明显的头向集中，这是因为在其幼虫阶段和整个进化过程中，它们经历了一系列深刻变化，改变了它们的形态和身体功能。

| 门：软体动物门 |
| 纲：腹足纲 |
| 目：13 |
| 种：7.5 万 |

扭曲的内脏
腹足动物囊括了约3/4的软体动物。它们大部分是海洋生物，且以扭曲旋转180度的内脏团为特征，这种旋转的过程和贝壳的形成过程相互独立。

一般特征

　　腹足动物的一大变化是背腹面的显著生长（弯曲），另一个变化是内脏团的扭转，这是内脏的 180 度逆时针旋转，头、足不受影响。扭转的结果是使位于身体后端的外套膜移到了身体前端。口和肛门也在前端（消化管弯曲成 U 形），位置同样发生改变的还有鳃（前鳃亚纲）、排泄孔和性腺。平行的侧脏神经索扭曲成"8"字形，在后端形成神经节的集中和融合，结缔组织也随之缩短。此外，贝壳（贝壳在不同的进化途径中可能缩小或退化）往往会卷起，有的是沿着同一平面旋转（平面盘旋壳），有的是沿不同水平面旋转（非对称螺旋状），这种壳体更小、更紧凑、更坚固。这样有助于减少其移动时产生的阻力，重新分配重量，一旦贝壳移动，可以更好地平衡重心。在腹足动物的进化中，螺旋和扭转引发了身体右侧边上外套腔的梗阻，以致这一侧的身体结构（鳃、心耳、肾和足缩肌）渐渐减少，甚至消失。

　　后鳃亚纲软体动物和肺螺亚纲的进化过程则部分或完全反其道行之。也就是说，它们的内脏团顺时针旋转 90 度或 180 度，外套腔（如果还存在的话）向右或向后开口，但是它们消失的内脏并不会再还原。内脏的扭转与贝壳和外套腔的退化趋势有关，这两者的消失意味着腹足动物的鳃将处于裸露无保护的状态。对肺螺亚纲动物而言，这是一种对陆地环境的适应——壳的重量会使陆地移动的困难加剧——同时也是对可用的钙质减少的一种应对。

　　有些蜗牛在足部的背面有一片角质的分泌物——厣，当身体缩回壳中时，厣能把壳的开口堵上，达到保护软体部分不受外敌伤害以及防止软体部分脱水的目的。几乎所有海洋生腹足动物都靠鳃呼吸，仅有少数几种生活在潮间带的海洋腹足动物、许多淡水生腹足动物和几乎所有陆生腹足动物，它们的鳃都在空气呼吸系统的进化过程中消失了。

　　这种外套膜"肺"通过一种括约肌或者呼吸孔向外界打开，以便控制水分的流失。海洋生腹足动物大多数都是雌雄异体的，但是也有部分是雌雄同体的，雌雄同体更多见于淡水生和陆生的腹足动物物种。

厣

　　为了保护自己，许多海洋生腹足动物和某些陆生腹足动物在其足部的最后端生有一块保护板。当它们缩回壳内时，它们可以用这块板把贝壳的开口堵上。

贝壳　　　　　　　　　　　　　　　　　　　　　合上

厣　　　　　　　身体回缩　　　　　厣

Haliotis rufescens
红鲍

体长：20~30 厘米
栖息地：海洋
分布范围：太平洋东北部

它们的壳是扁平的，一侧约有 20 个椭圆形孔，但只有最后 5~6 个是穿透孔，从外套腔回流的水就是从这几个孔中被排出去的。在其幼虫阶段，厣会消失，它们只能生活在多礁石的海底，因为在那里它们能把自己牢固固定在礁石上。多见于潮下带，昼伏夜出，用贝壳周围探出的触角探索周围的环境，寻找可食用的藻类。它们的外壳表面很粗糙，上面附着藻类、苔藓虫和结硬壳的海绵动物，这使得它们可以与海底背景融为一体。

螺圈很少
它们的贝壳是不对称的，只有一个螺圈。

通常颜色发红，但是其所摄入的不同海藻，也会影响它们的色彩。由于它们的肉可食用，且产出的彩虹色珍珠母又广泛用于珠宝业，人们对其进行密集的捕捞，使得野生红鲍的数量已经减少。

Turritella terebra
笋锥螺

体长：6~17 厘米
栖息地：海洋
分布范围：印度洋和太平洋西部

具有高而窄的瓷感外壳，壳上有许多圈螺层。多见于海底沙地或淤泥中，栖息深度最深可达 200 米。幼年笋锥螺一边在海底移动，一边用齿舌收集食物颗粒；而成年笋锥螺埋于泥沙中，从吸入的水中过滤食物。为此，它们用足部挪动淤泥，建成两道沟渠，作为吸入和排出水的渠道。长长的鳃丝能制造穿过外套腔的持续水流，由此能捕食到浮游生物和食物碎屑。

Patella vulgata
欧洲帽贝

体长：1~6 厘米
栖息地：海洋
分布范围：西欧的海洋

其外壳为圆锥形，顶端无孔。外表面很粗糙，放射状的纹理清晰可见。在内部和前端有马蹄状肌肉的痕迹。生活在潮间带，在退潮期间，会附着在礁石上，以防自身变干和外敌入侵。对日晒雨淋有很强的抵抗能力。生长在外套膜边缘的肉质丝取代了鳃，使其能够在没有水的情况下呼吸。以绿藻和红藻为食。

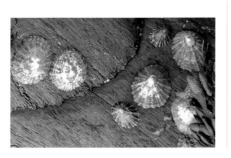

Nerita peloronta
血齿蜑螺

体长：2~5 厘米
栖息地：海洋
分布范围：加勒比海

有一个厚厚的壳，圆润的外壳上有条纹状纹理，不同的个体其颜色也不尽相同。壳上的螺线圈数不多，最后一圈螺线几乎覆盖了整个贝壳。其开口是半圆形的，壳口边缘那令人惊奇的彩色齿列是其得名的由来。有一个厚厚的红色石灰质的厣，使其能够保持内部体液的浓度不受外部环境影响。因此它们成了第一批征服陆地和淡水环境的蜗牛。

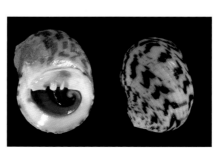

Tectus niloticus
牛蹄钟螺

体长：5~15 厘米
栖息地：海洋
分布范围：印度洋和太平洋

外壳呈锥形，具有一些原始的生理特征，比如体外受精以及拥有两个心房；此外，还拥有一些高等族群才有的特征，例如一个鳃和相应的嗅检器的消失。生活在潮间沟域，但附着能力较弱。因此比较偏爱海湾和没有海浪侵袭的防波堤作为栖身之处。

它产生的珍珠母质厚，多用于制作珠宝、手镯和纽扣等商品。

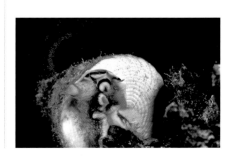

Pomacea canaliculata
福寿螺

体长：5~10 厘米
栖息地：淡水
分布范围：南美洲

外壳呈球形，短螺旋。壳的开口大，开口形状是椭圆形的，壳口有角质的厣封闭。有明显的呼吸系统，包括一个鳃和一个"肺"。它们的肺其实是血管化的外套腔，通过可伸缩的体管与身体表面连通。这样，当其所栖居的水环境中氧气量过少时，或者当它们在坚硬的地面上长途跋涉去产卵时，它们都能直接呼吸空气。它们将卵产在水面以上的树枝或石头上，呈现为一簇簇胶着状的玫瑰红色颗粒，很多人都把它们的卵误认为是蟾蜍卵。卵呈这种警戒色是在展示

自身的毒性，从而抵御潜在的窃取者。福寿螺对于亚洲大陆来说，是外来入侵物种，它们由人类带到这片大陆，对亚洲的水稻种植造成了严重影响。

命名
它们的名字"福寿螺"来源于贝壳上螺圈交界处形成的沟渠。

Viviparus viviparus
河螺

体长：3~5 厘米
栖息地：淡水
分布范围：欧洲

河螺生活在池塘和沟渠底部的泥泞或岸边植被丛中，靠残剩物和小生物为食。它们能用鳃丝做网，捕捉原生动物、单细胞藻类和悬浮颗粒作为食物。雄性河螺的右触须衍生出交配器官。卵在雌性河螺的子宫中孵化，幼虫如果未能在寒冷季节到来前孵化出来，就会在子宫中度过整个冬天，在春天完成剩下的发育过程。

Conus textile
织锦芋螺

体长：9~15 厘米
栖息地：海洋
分布范围：印度洋和太平洋

它们以软体动物、多毛虫和小鱼为食。齿舌的结构已改变，演化为一种狩猎装置，齿舌上某些牙齿成了有毒的飞镖。这些牙齿形似鱼叉，中空，被存储在一个囊里，以便一个接一个从口管中送出。此外，它们还有一个施放毒液用的囊，这种毒液会作用于猎物的神经系统，利于猎物被埋伏守候的螺猎取。几秒之内，猎物就会被麻痹，然后被张大口管的织锦芋螺吞食。在少数情况下，织锦芋螺的这种捕食方法会导致人类死亡。

Cypraea tigris
黑星宝螺

体长：8~15 厘米
栖息地：海洋
分布范围：印度洋和太平洋

其外壳呈卵圆形，外表光泽如瓷器，在壳的生长过程中，螺纹会渐渐被掩盖住。开口很窄，呈白色，上面有条纹；外套膜的两个侧延伸覆盖了整个贝壳。幼年黑星宝螺以藻类为食，而成年黑星宝螺主要吃小型无脊椎动物。通常生活在 10~40 米深的多岩石和珊瑚的海底。雌性黑星宝螺会把卵产在被囊中，粘着在岩石等基质上，雌雄黑星宝螺会保护卵不受外敌损伤。对收藏家来说，黑星宝螺的贝壳很珍贵，因为它们有着玻璃般的光泽和艳丽斑驳的色彩。

Crepidula fornicata
大西洋舟螺

体长：2~6 厘米
栖息地：海洋
分布范围：大西洋西部

雌性大西洋舟螺寿命较长，附着在岩石或者其他软体动物身体上生活。年轻的雄性大西洋舟螺附着在雌性大西洋舟螺身上生活，这样一来，它们就可以像叠罗汉一样，形成 10 只甚至更多的叠加，在这种堆叠中，处于底层的是雌性大西洋舟螺，而上层的则是雄性大西洋舟螺。然而，雌性大西洋舟螺的受精是由尚未附着、仍自由移动的雄性大西洋舟螺完成的。这种生物源自于美洲，1872 年，它们随着作为食品进口的蛤蜊被带到欧洲大陆。

Hexabranchus sanguineus
血红六鳃海蛞蝓

体长：20 厘米
栖息地：海洋
分布范围：印度洋、太平洋和红海

    它们有 6 个嵌入体壁的鳃。栖居在温暖的水域，夜间进食，主要食物有海藻、海绵和海葵。雌雄同体，交配后，会产下大量的卵，这些卵被一层棕红色的外壳包裹着。浮游幼虫会变成半透明的底栖生物，随着年龄的增长，颜色会越来越深。

    其俗名"西班牙舞者"来源于它们的运动方式，让人想起弗拉门戈舞的舞者。面对捕食者，它们不会缩起来，而是舒展开原本卷曲的身体边缘，同时摇摆身体展示自己鲜艳的红色色彩。捕食者看到这一幕会受到惊吓，因为它会感知到猎物比自己庞大，进而果断地放弃捕食。

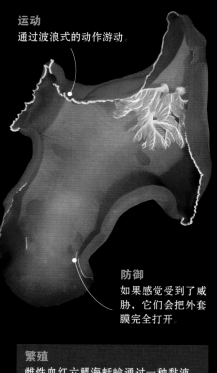

运动
通过波浪式的动作游动。

防御
如果感觉受到了威胁，它们会把外套膜完全打开。

繁殖
雌性血红六鳃海蛞蝓通过一种黏液，把产下的卵紧紧固定在海底岩石上。

Hermissenda crassicornis
管鞭海蛞蝓

体长：5~8 厘米
栖息地：海洋
分布范围：墨西哥沿岸

    有一条白色或者荧光色的带子，延伸到整个身体周围。像其他海蛞蝓一样，有一个独特的防御系统：能绑架其他动物的进攻性武器。也就是说，它以海葵、珊瑚、水母和水螅虫为食，并把它们的防御体系据为己有，首先使之失效，然后重新生成，最后为己所用。管鞭海蛞蝓的外套膜在背部扩展，形成顶端为白色的橙色犄角，称为露鳃，其内含有消化腺支囊。管鞭海蛞蝓的刺针就藏在露鳃中。栖居在潮间带和河滩上。

Aplysia punctata
海兔

体长：2~7 厘米
栖息地：海洋
分布范围：大西洋东部和地中海

    海兔体形较大，背部有精致的小点。有一个萎缩的壳，小而隐蔽，被外皮褶皱所环绕。靠外皮进行波浪形的位移。以海藻为食，并利用藻类的色素释放彩色分泌物作为防御之用，其颜色随着所食用的藻类不同而有所改变。在发情期，它们会聚成一串在水中游动，每一只海兔面对其前面的海兔时是雄性，而面对后面的海兔时是雌性。

Clione limacina
裸海蝶

体长：3~5 厘米
栖息地：海洋
分布范围：从南极水域到巴塔哥尼亚

    裸海蝶没有贝壳，营浮游生活。在南极和北极的寒冷水域中很常见。其身体呈透明凝胶状，没有鳃，通过体壁进行气体交换。在日间活动，具有初步发育的眼睛。肉食性动物，拥有 1 个明显的口管和 3 个锥形附件，作用类似带吸盘的前肢，使裸海蝶能捕捉到比较偏爱的猎物，也就是另一种腹足动物——一种浮游性卷贝。

Phyllidia varicosa
叶海牛

体长：12 厘米
栖息地：海洋
分布范围：太平洋

    叶海牛没有外壳，外表呈非常醒目的蓝色、黄色和灰色，而皮肤是黑色的。背部表面由于存在大量被称为露鳃的黄色延长物，身体的背面因此而增高。其背部前端有一对鼻通气管。这些绝妙的化学感受器是后鳃亚纲软体动物所特有的。栖居在水深 4~20 米的海底，雌雄同体。面对危险时，能释放一种有毒的黏液。

Helix pomatia
盖罩大蜗牛

体长：5 厘米
栖息地：土地
分布范围：欧洲中部和东南部

盖罩大蜗牛是最受推崇的陆生可食用蜗牛，早在古罗马时期就已开始人工繁殖。法国人称它为"大白蜗牛"，并将其看作一道传统佳肴，人们都说一个优秀的美食家必须能够根据蜗牛的味道说出它位于法国乡村的原产地。实际上，蜗牛的销售区域已经大幅度削减，为了保护它们，人们根据其繁殖季节制订了严格的禁猎期。

蜗牛的生长很缓慢，需要 5~7 年才能长到最佳尺寸。因此，法国食用蜗牛市场上的大部分货源都是盖罩大蜗牛的相似品种——肉质相对粗糙、生长更为迅速，这些蜗牛源于欧洲的其他区域——土耳其、突尼斯和摩洛哥。对于西班牙这个对口味不那么挑

剔的市场，他们从阿根廷进口蜗牛。进口蜗牛是欧洲品种，但是在布宜诺斯艾利斯的海岸上，它们已经成为野生品种了。

外观
它们通常呈棕色，身上有3~5 条清晰的带状花纹。

触手
它们有眼睛。

Lymnacea stagnalis
静水椎实螺

体长：2 厘米
栖息地：淡水
分布范围：世界各地

静水椎实螺生活在池塘、泥塘和潟湖中，然而它们的呼吸方式是空气呼吸。会到水面上通过由外套腔边缘形成的一根长管道实现气体交换。该管道在静水椎实螺沉入水中时保持闭合状态。静水椎实螺可以用足部在水的表面移动，同时保持身体倒置的状态。

雌雄同体，但是它们的交配并不是相互的，而是一只螺担任雄性角色，另一只螺担任雌性角色。在只有一只螺的情况下，也能够受精。

Arion ater
黑蛞蝓

体长：10~15 厘米
栖息地：土地
分布范围：欧洲东北部、英国、德国、苏格兰和爱尔兰

黑蛞蝓体色多样，可以是黑色、灰色乃至红色。贝壳退化为一系列石灰石颗粒，并在尾端具有一个大型黏液分泌腺。生活在潮湿的环境中，夜间或下雨天会减少活动。以蔬菜、水果、菌类和藻类为食，此外，也吃生长在树干上的地衣。这是一个雌雄同体、雄性先成熟的物种：在最初几个月表现为雄性，从第五个月开始为雌性。

Achatina fulica
非洲大蜗牛

体长：25~30 厘米
栖息地：土地
分布范围：东非、肯尼亚和坦桑尼亚。被引进到西非和马达加斯加

成年非洲大蜗牛直径可达23 厘米，重量达 600 克。其颜色呈红色或棕色，上面有白色的轴线，轴线的形状依据蜗牛的生存环境、摄食和年龄各有不同。平均寿命 5~7 年，是草食性动物。世界自然保护联盟将其列为世界上 100 种最具破坏性的外来入侵物种之一。

可以向人类传播某种线虫，其引起的嗜酸性脑膜脑炎可致人死亡。

Limax cinereoniger
利迈科斯蛞蝓

体长：30 厘米
栖息地：陆地
分布范围：欧洲

利迈科斯蛞蝓是目前已知的世界上最长的蛞蝓。其贝壳已经退化为脆弱的内部钙质板。我们推测这种退化是利迈科斯蛞蝓针对地面钙质成分的减少所做出的适应性变化，毕竟它们生活的原始环境的特点就是高湿度和低浓度钙质。

和这一科的其他成员一样，以水果和菌类为食，但同时也能够捕捉、吞食其他动物，包括其他蛞蝓。

头足动物

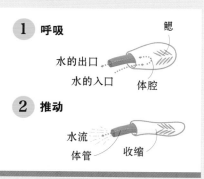

归入头足纲中（足长在头部）的都是特殊的无脊椎动物，它们全都是海洋生物和肉食性动物，比如章鱼、鱿鱼、乌贼和现在的鹦鹉螺，以及已经灭绝的菊石。在进化过程中，其祖先的背腹轴延伸形成了身体的主轴，所以它们的头部就被放置在了内脏团之下、足部之上。

门：	软体动物
纲：	头足动物
目：	9
种：	700

敏锐的视力

头足类动物的眼睛和脊椎动物的眼睛是非常相似的，比如这只柏氏四盘耳乌贼的眼睛。

一般特征

头足动物的祖先有唯一的腹足，这个腹足被分成多个（8~90个）环绕着口部的前肢和一个肌肉结实的后部口管。十足目动物具有8条带有吸盘的前肢和2根长长的触角。八腕目软体动物和章鱼就不具备上述触角。头足动物用这些肢体和触角在海底移动或捕捉猎物。漂浮系统使它们能够在深海生活。鹦鹉螺的外壳里有充满气体或液体的腔室，并可以根据情况调整腔室的内容物。其他头足动物的贝壳趋向于缩小、内化，并且进化成通过水流助推游动的模式。口部和齿舌位于角质的颚中，用于捕捉和撕裂食物，有些头足动物的唾液腺能分泌毒素。它们具有庞大而复杂的大脑。其感官也很发达，善于捕猎和防御。它们具有良好的平衡感及低频率的听力，相当于鱼类的侧线，能探测视线范围以外的物体。它们的肢体和触角具有很高的触觉敏感度。此外，还有一个指挥肌肉运动的大型神经纤维系统，可协调外套膜的肌肉进行强有力的同步收缩，以便借助水流的冲击力助推游动。贝壳内

化所带来的重量的减轻使它们可以游得更快，但同时也使它们的软体部分暴露给敌人，但这种缺陷由其强大的伪装能力进行了弥补。外套膜的表皮具有色素细胞，能根据需要压缩或扩张，从而改变头足动物的颜色和纹理。另外，还有一些细胞能够发光。它们能用透镜和滤器合成复杂的器官，引导光束的方向，使光束扩大、聚焦甚至改变光束的颜色。这种多变性能保护它们不受外敌伤害，帮助它们捕捉猎物、与同类进行沟通。此外，它们还可以喷射墨汁，这是一种深色的黏稠液体，能迷惑潜在的敌人，让其暂时失去视力，与此同时头足动物便会快速逃离。墨汁在直肠的一个囊中生产并储存，其成分是深色色素（黑色素）和黏液。头足类动物是雌雄异体、直接发育的。它们几乎同时发育成熟，并且有着复杂的求偶模式。成年头足动物生命终结前才会大量产卵。只有少数物种会由父母照看产下的卵。

体管

当外套膜的肌肉舒张时，水进入体腔，沾湿体腔内的鳃。当外套膜的肌肉收缩、体腔口闭合时，水会沿着狭窄的肌肉漏斗口被排出，这个漏斗状结构被称为体管，它会把流质引向需要的位置。

1 呼吸

鳃
水的出口
水的入口
体腔

2 推动

水流
体管
收缩

Nautilus
鹦鹉螺

体长：30 厘米
栖息地：海洋
分布范围：印度洋和太平洋

　　鹦鹉螺偏爱冰冷的水域。它会在夜间升到水体表面，然后再度沉入 600 米深的深海。它们的壳内部由隔断划分成多个小室，其软体部分只占据最后一个室，也叫住室。随着鹦鹉螺的不断成长，它会向前移动，分泌出一个新的隔断。它们的触角没有吸盘。在其头部周围有超过 90 条触角，用离嘴巴最近的那些触角来捕捉猎物。除了在进食时，它们都是借助水流的推力向后滑行。

Sepia latimanus
白斑乌贼

体长：30~40 厘米
栖息地：海洋
分布范围：印度洋和太平洋

　　白斑乌贼栖居在 1000 米深的海洋深处。它们的身体比较短，呈扁平状，两侧有完整而短小的侧鳍。其触手是能伸缩的，非常适应水流助推的游泳方式。它们的贝壳在身体内部，是钙质的扁平壳，有少量可供漂浮使用的小室——"墨鱼骨"。雄性墨鱼有领地意识，它们的求偶仪式很引人注目，为了求偶，雄性会变换身体的颜色并敏捷地摆动。白斑乌贼的唾液腺能分泌可致麻痹的毒素。以鱼类和甲壳类动物为食。

Loligo opalescens
加州鱿鱼

体长：12~28 厘米
栖息地：海洋
分布范围：太平洋东北部

　　加州鱿鱼在夜晚上升至水体表面，白天则在海底活动（栖息深度可达 200米）。在其内脏团的末端有三角形的鳍。与其他枪乌贼一样，它们的壳缩小为一个扁平舟形的几丁质薄片，也叫甲壳。以鱼类、甲壳类动物和其他鱿鱼为食，它们会将食物吞噬下去，用形似鸟喙的颚进行咀嚼。雄性鱿鱼能利用茎化腕将精子输送到雌性鱿鱼体内。产卵时，雌性鱿鱼常常集群，在海底的同一区域产卵。

Hapalochiaena lunulata
大蓝圈章鱼

体长：20 厘米
栖息地：海洋
分布范围：太平洋西部

　　大蓝圈章鱼栖居在潮池和浅海中。身体呈黄色，上面有蓝色环状花纹（警戒色）。尽管这种章鱼个头不大，但却含有对人类来说致命的毒素。这种神经毒素由唾液腺中的细菌生成，与刺猬鱼的毒素很相似。像所有章鱼一样，大蓝圈章鱼没有外壳。在繁殖期，雄性章鱼用茎化腕（也就是说这条手臂为了运输精子在结构上有了改良）将精子放入雌性章鱼的外套膜中。雌性章鱼会产下 50~100 颗卵，然后照看它们直到孵化成功。大蓝圈章鱼很有领地意识，喜欢单独行动，藏在暗处。它们埋伏以待，捕食软体动物、鱼类和螃蟹。

警告
它们会发出醒目的光，来警告别的生物，提示它们自己具有危险性。

遇险
在面对危险时，它会在皮肤上生成小小的突起，从而达到伪装和使自己的头部膨胀的目的，这样看起来更具有威胁性。

Thaumoctopus mimicus
拟态章鱼

体长：2.5 厘米
栖息地：海洋
分布范围：东南亚的热带海洋

　　拟态章鱼的皮肤是棕色的，上面有白色的斑点，此外，它们也可以改变这种外貌来模仿其他动物或岩石的花纹。它们非常灵活，可以分别控制所有触角，这种能力在头足类动物中非常少见。这种能力使其可以模拟多种动物的外观和行动，它们模拟的动物多数有毒，比如海蛇和狮子鱼。它们非常聪明，能快速根据所追逐的猎物决定模仿哪种动物，以鱼类、海底的甲壳纲动物为食。

Octopus vulgaris

真蛸

体长：1.3 米
重量：100 千克
栖息地：海洋
分布：太平洋和印度洋

触手
触手的肌肉使其能够拖动身体向要用吸盘附着的物体移动。

海底生活

在出生后的前几个星期，它们会像浮游生物一样生活。进入青年期后就会沉入海底，在那里度过成年阶段。它们在沙石质的海底和珊瑚礁上生活。独来独往，领地意识很强，多数时间都藏身在洞穴和裂缝中。有时会为了寻找食物而做一次"短途旅行"。

捕食者

它们的主要食物是甲壳类、双壳类和腹足动物。当其捕捉到有坚硬外壳或外骨骼的猎物时，会先用齿舌钻孔，然后把唾液腺分泌的麻痹毒素注入孔内。它们会吃掉猎物的软体部分，丢掉坚硬部分，并把丢弃物堆积在洞穴四周。

灵活的身体
它们的身体没有坚硬的结构，可以调整身体的形状，穿过细小的裂缝。

复杂又聪慧的动物

章鱼的神经系统是无脊椎动物中最复杂的。在进化过程中，其身体结构中的神经节已经融合，形成了独特的神经中枢。它们具备惊人的记忆能力和学习能力，能够迅速通过"尝试和失败"学习如何解决新问题。它们使用一种建立在皮肤颜色和纹理改变基础上的交流方式。其二级神经节负责控制体管、触手和内脏。巨型神经元的存在让它们可以对外界快速做出反应。

迅速的伪装

由于其外皮的细胞结构和神经系统的高度协作，它们可以在不到 1 秒钟的时间内伪装得与环境完全一样。皮肤的色素贮存在色素细胞中，色素细胞能够收缩或扩张，从而展示或隐藏某种特定色彩。在色素细胞下方，有一层虹细胞和白色素细胞，它们能够反射和折射光线。这几种结构的组合使章鱼能够迅速改变体色并显示不同的图案。同时它们还能改变身体的质感，达到惊人的伪装效果。

10 千克
最大尺寸章鱼的体重。

触手
章鱼的每一个吸盘分别受到约 1 万个神经细胞的支配，这些神经细胞让章鱼在探索环境时能获取大量信息。

吸盘
吸盘是具有附着力的圆盘，它们接触到物体表面时，会根据表面调整自身形状。吸盘的肌肉收缩会在吸盘内部产生负压（也就是吸力），从而吸附到物体表面。

吸盘肌肉

几丁质环

辐射状肌肉系统

吸盘窝

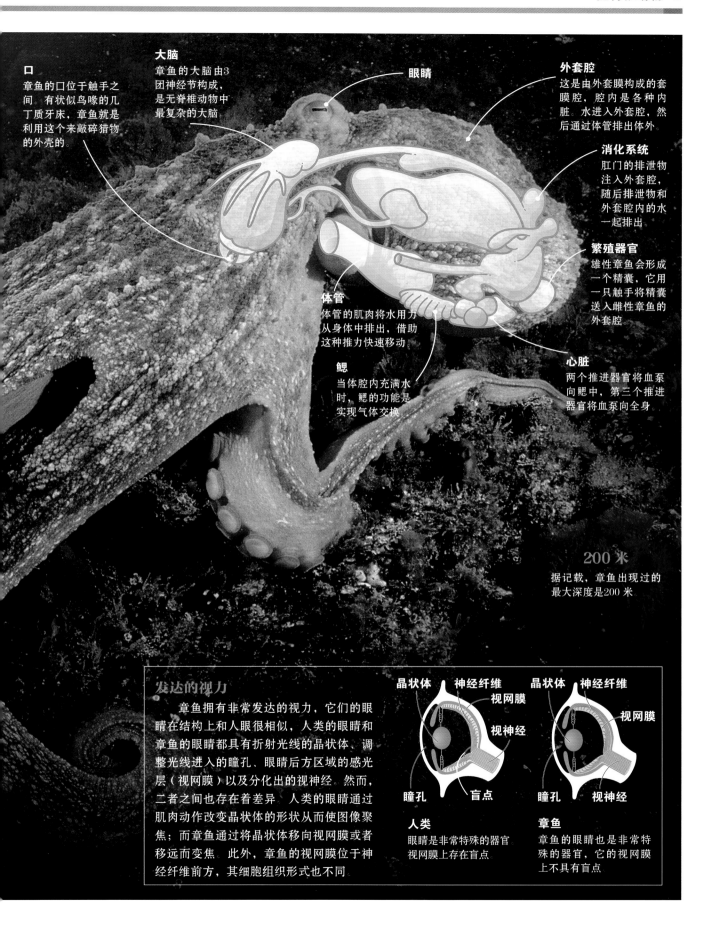

口
章鱼的口位于触手之间。有状似鸟喙的几丁质牙床，章鱼就是利用这个来敲碎猎物的外壳的。

大脑
章鱼的大脑由3团神经节构成，是无脊椎动物中最复杂的大脑

眼睛

外套腔
这是由外套膜构成的套膜腔，腔内是各种内脏。水进入外套腔，然后通过体管排出体外。

消化系统
肛门的排泄物注入外套腔，随后排泄物和外套腔内的水一起排出。

繁殖器官
雄性章鱼会形成一个精囊，它用一只触手将精囊送入雌性章鱼的外套腔

体管
体管的肌肉将水用力从身体中排出，借助这种推力快速移动

鳃
当体腔内充满水时，鳃的功能是实现气体交换

心脏
两个推进器官将血泵向鳃中，第三个推进器官将血泵向全身。

200 米
据记载，章鱼出现过的最大深度是200 米

发达的视力
章鱼拥有非常发达的视力，它们的眼睛在结构上和人眼很相似，人类的眼睛和章鱼的眼睛都具有折射光线的晶状体、调整光线进入的瞳孔、眼睛后方区域的感光层（视网膜）以及分化出的视神经。然而，二者之间也存在着差异。人类的眼睛通过肌肉动作改变晶状体的形状从而使图像聚焦；而章鱼通过将晶状体移向视网膜或者移远而变焦。此外，章鱼的视网膜位于神经纤维前方，其细胞组织形式也不同

晶状体 **神经纤维**
视网膜
视神经
瞳孔 **盲点**

人类
眼睛是非常特殊的器官视网膜上存在盲点

晶状体 **神经纤维**
视网膜
瞳孔 **视神经**

章鱼
章鱼的眼睛也是非常特殊的器官，它的视网膜上不具有盲点

双壳类动物和象牙贝

它们是完全水生的物种，其形态很适合生活在岩石裂缝或海底的软基质中。它们的身体是对称的，头部较小，拥有触角以便取食（唇触手）。它们的幼虫具有贝壳和双叶胚胎套膜。

门：软体动物

纲：2

目：13

种：13350

受保护的
双壳类动物的身体被连接在一起的两片贝壳覆盖。象牙贝则生活在一个管状的贝壳中。

双壳类动物

双壳类动物的外套腔分为两部分，两个外套腔中分别是左鳃和右鳃，外套腔朝外的一面被外套膜的两个叶片覆盖，它们的两片贝壳就是由外套膜的分泌物形成的。一条具有弹性的韧带将两片贝壳连接到一起，使它们保持半开状态。两片贝壳能在闭壳肌收缩时快速地闭合，并能长时间保持闭合状态。两片外套膜叶片的边缘可以是一体的，只有1~2个区域不是闭合的，运载氧气、食物和新陈代谢废弃物的水就从这里循环。对许多双壳类动物来说，这些水流是靠体管引导的，体管的长度和双壳动物在泥沙中埋藏的深度有关。原鳃类动物是最原始的双壳类动物，以碎屑为食。它们通过发达的唇触手进行捕食，鳃具有呼吸的功能；还有一些双壳动物是肉食性或食腐性的，它们的鳃会转化为一个膜或肌膈板；然而大多数双壳类动物通过鳃过滤水流取食，鳃在过滤食物的同时，保留呼吸的功能。营自由生活的

双壳类动物主要通过肌肉足进行移动，它们通过肌肉足在水底移动，凿穴而居，对某几种双壳类动物来说，肌肉足甚至能让它们跳跃和游动。无柄的双壳动物会将一片贝壳黏附在坚硬的基质上，或者通过一束有机纤维固定，这种纤维也叫足丝，比如贻贝就是通过足丝固定自己的。也有些双壳动物会通过化学或者机械的方法钻透坚硬的基质。

象牙贝

掘足纲动物是在软质海底凿穴生活的海洋生软体动物，它们身体细长、被外套膜环绕，外套膜分泌生成一种向后弯曲的两端开口的管状贝壳。在腹侧一端有一个初步成形的头部和一个尖头的足，这种足能够开凿基质，将自己固定在水底。它们没有鳃、没有眼睛，其循环系统和排泄系统都有所简化。

深埋
双壳动物的足和掘足纲动物的足都以形态扁平、肌肉发达为特征。为了能将自己埋起来，它们会把足部插入基质中，之后足部末端会膨胀，像锚一样卡在泥沙中，然后，足部往回缩，通过这种方式拖动贝壳向下埋进泥沙里。

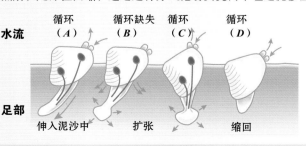

	循环（A）	循环缺失（B）	循环（C）	循环（D）
水流				
足部	伸入泥沙中	扩张		缩回

Tridacna gigas
大砗磲

体长：1.15 米
栖息地：海洋
分布范围：印度洋、太平洋和红海

　　大砗磲生活在珊瑚礁附近的浅海海底基质上，寿命可达 100 岁。外表呈蓝色和灰色。壳的边缘有较大的起伏。与虫黄藻形成共生关系，虫黄藻在大砗磲的细胞内生长。白天它的贝壳是打开的，阳光照进贝壳内，藻类可以进行光合作用，产生碳水化合物，碳水化合物进而成为大砗磲的食物。虽然大砗磲的体形庞大，但它们依然采取过滤取食的方式。大砗磲是雌雄同体的生物，但无法自体受精，它们会把生成的卵子和精子释放到水中，让其自行寻找其他大砗磲的精子和卵子。卵子受精后 12 个小时，会孵化出一个自由生活的幼虫，幼虫靠浮游生物为食，因为在这个阶段它还没有与之共生的藻类。

闭壳肌
大砗磲的内收肌能在光线不足时关闭贝壳。

像锚一样
大砗磲最重可达300 千克，如此大的重量让它们可以无须将自己埋进海底的基质，也无须通过特别的结构将自己固定在海底，就可以轻松地躺在海底生活。

Lima hians
欧洲狐蛤

体长：2.5 厘米
栖息地：海洋
分布范围：大西洋和地中海

　　欧洲狐蛤生活在海底淤泥中，栖息深度最深可达 100 米。外壳呈细长的椭圆形，颜色为白色，但随着狐蛤年龄的增长，外壳会渐渐变黄。它们的外套膜颜色发红，具有触角状的延伸，这种结构有助于移动。和许多双壳动物不同的是，狐蛤能够游泳。

Antaris vulgaris
象牙贝

体长：3~6 厘米
栖息地：海洋
分布范围：世界上所有海洋

　　象牙贝的身体细长，分泌生成的外壳略有些弯曲，并且每一端都有一个孔。生活在海底，几乎把自己完全埋在泥沙中。它们全靠口部四周能伸缩的触角进食，把触角伸进泥沙中，让食物颗粒粘到上面。

Lopha cristagalli
鸡冠牡蛎

体长：9 厘米
栖息地：海洋
分布范围：印度洋和太平洋

　　鸡冠牡蛎喜欢成群栖居在波涛汹涌的海域中，其栖息深度为 30 米。它们所有的内脏都被两层坚硬的贝壳覆盖。其贝壳由自身分泌的碳酸钙构成，两片贝壳在边缘最窄处通过韧带连接在一起，并由韧带控制开合。每片贝壳的边缘都有锯齿和另一片上的锯齿咬合。它们生活在海底基质上，用其生产的坚硬材料挖掘洞穴，将自己埋进泥沙中。主要以纤毛摄取水流中的浮游生物，并以此为食。

Mytilus eduliss
翡翠贻贝

体长：1~10 厘米
栖息地：海洋
分布范围：大西洋

　　翡翠贻贝喜群居，它们用一种丝将自己固定在海底基质上，这种丝来源于腺体分泌的液体蛋白质，起到黏质的作用。这种结构能使贻贝在海浪击打的岩石上生活而不会受到损伤。它们通过过滤海水取食。因为它们具有强而有力的闭壳肌，可以长时间保持贝壳关闭状态，防止水分从贝壳内部流失，从而继续进行呼吸，保持这种状态直到再次涨潮，所以，它们可以长时间暴露于无水的表面。

Ensis siliqua
大刀蛏

体长：20 厘米
栖息地：海洋
分布范围：大西洋和地中海

　　它们半埋在泥泞中生活，能够通过跳跃移动几厘米，还能够朝后游泳。它们的壳很细长，壳的边缘笔直且有光泽，但随着时间的流逝，它们的壳会渐渐变得暗淡。由于受其生活位置的影响，它们只有在涨潮时短体管接触到水流时才能进食，进食的同时也从水中获得呼吸用的氧气。当退潮时，它们会被完全埋于泥沙中。其生存环境的地面哪怕有最轻微的震动，它们都会用肌肉足将自己藏到基质中。

环节动物

环节动物门包含约 1.7 万种，常见种有蚯蚓、蚂蟥、沙蚕、海鼠和海生蠕虫。某些物种体形微小，而某些则能延伸至 3 米长。该门动物对潮湿环境的极佳适应性与其身体多节特点（身体分节现象）和生命周期多变特点密切相关。

一般特征

环节动物是最早带有重复性身体结构的体腔动物。这类动物身体柔软而潮湿，与软体动物门及节肢动物门特征相似。它们属于两侧对称的原口动物，由发育完整的三胚层构成，具有宽敞的体腔。消化道完整，具有闭管式循环系统，神经系统发达。海生种类保留了担轮幼虫这一发育阶段，而陆生和淡水种类则直接发育。

门：	环节动物门
纲：	4
目：	31
种：	8700

圣诞树管虫
这一种管栖蠕虫通过其羽状触手冠舒展在水中呼吸及滤食。

一般特征

身体具伸缩性且大多呈圆柱形，除部分种类极为扁平外，如水蛭。头部从幼虫时期起便形成了两部分（口前叶及围口带），带有口腔、大脑神经节及感觉器官（视觉、嗅觉、触觉）。头部以下的身体呈多环或多节状（以此构成整体躯干），肛门位于环节末端或臀板处。环节动物的消化道与体壁分离，由宽阔的空腔或充满体腔液的腔体隔开，在水蛭（蛭纲）身体中体腔由间质填充其中。外部的每一段"体节"都带有内部的一段隔膜，隔膜或腔膜将每一段体节分隔成小室。这使得环节动物可通过伸缩外环肌层和内纵肌层，并在体腔液作用下进行身体的移动（波状运动或螺动）。由于身体的每一环节都带有部分循环系统、神经系统和排泄系统，因此，每一环节都保持了结构和生理上的相对独立。每一段身体分隔部分被称为"体节"。身体由接连相似的体节构成的情况（同律分节），可类比于一列火车，火车头之后是接连一致的火车车厢。这一进化模式对进一步适应环境具有积极意义（减小隔膜体积、失去环带、改变外部附肢等）。如此一来，当这一列车将更替部分车厢以便运输材料时，便需要一种多功能性的系统。这也被称为异律分节，也就是身体各体节各不相同，这一过程的开始是某些海生管栖环节动物的体节变化，之后在节肢动物门中形成体节部分或全体的分化，即形成体区。环节动物体表覆盖着上皮细胞形成的腺质上皮层，其细胞分泌物形成微细的薄膜或刚毛，这一特征仅在蛭纲动物中缺失。短刚毛能让体节在移动过程中更好地"抓地"；而在水生类环节动物中，长刚毛能起到类似于"桨"的滑动作用。

蚯蚓解剖结构图解

寡毛类环节动物，可以从外表上的同律分节和身体前半段出现环带这两点进行判断。

运动
用身体光滑的背腹面进行蜿蜒的波状运动

体节

刚毛
糊精将食物转变为刚毛

体腔
该次生体腔位于环节动物门的每段体节处，以此运用静水压力进行螺旋运动实现躯体的位移。

口部

生殖环带

组织
体壁分层并具有内腔。此类分节动物的体壁共三层，并具有一个体腔，如同水利结构进行体液的运输。

外胚层
中胚层
体腔
内胚层

肛门

消化腔

在多毛类动物中，体表内侧遍布大量刚毛及疣足。这些重复排列的附肢（每一体节带有一副）随着运动和呼吸发生改变。另一特殊表皮层是性成熟蚯蚓及水蛭的生殖带（生殖环带）。

这一腺体环带位于整个身体前端，包含数段体节，带生殖孔。蚯蚓交配时分泌黏液，形成蚓茧或卵茧，以便保护胚胎免受干燥威胁并提供额外的营养物质（清蛋白）。

环节动物的身体特点能反映出它们的生活习性。活跃型捕食性动物及挖掘式食腐动物大多具有同律分节特点。较为不活跃或固着性动物长期生存于地道或管道中，如滤食性动物及具备直接触毛或间接触毛的动物，它们的身体分化为不同区域以便承担不同的功能或异律分节。水蛭为外寄生物，身体前后均带有吸盘，以便移动和固定其捕获的猎物。循环系统（封闭式）、神经系统及排泄系统均具备分节特点。大量毛细血管遍布于伪足（鳃）部分区域或整个表皮层，便于进行呼吸，例如蚯蚓。感觉器官均集中于头部并不作用于挖掘行为。生殖方式也各有不同。多毛类普遍为雌雄异体，体外受精及间接发育。寡毛类和蛭纲类则正好相反，雌雄同体，体内受精并直接发育。

与人类的关系

从生态层面来说，蚯蚓具有重大作用。其对土壤的持续挖掘有助于土壤保持良好的透气性、渗透性及其他重要特性，使土壤肥沃。

水蛭从古至今一直具备重要的药用价值。在古代，人们用其来吸除特定位置的血液，极大地改善了感染处的愈合情况。随着医疗的发展，这一疗法失去了市场并完全不再被采用。但无论如何，水蛭素（水蛭进食中唾液腺分泌的蛋白质，具有防止凝固的作用）持续沿用至

今，直至成功合成了现代化学试剂，比如肝素。有趣的是，近年来不断有人提出，应该像以前一样"原生态"地运用水蛭。这些环节动物可以几乎难以察觉地吸除血液（无痛无瘢痕），这在外科手术领域极其有效，它们能很好地作用于用其他手段无法去除的血液沉积。

分类

环节动物主要包括多毛纲（多毛虫类），绝大部分为海生；蛭纲（水蛭），大部分为淡水及陆生；寡毛纲（蚯蚓）。

其他小型原口动物

星虫动物门和棘尾动物门均属于海底原口动物，有体腔，无分节现象，并带有特殊的蠕虫角。其种系发展史尚有争议。部分学者认为，该物种与软体动物门有亲缘关系，而软体动物门则与环节动物门有所关联。然而，最新的研究将两者均归类于多毛纲。

花生蠕虫
星虫动物门的特点是生活在海底，因此，其消化管道位于布满触毛的嘴部。

多毛纲

门:	环节动物门
纲:	多毛纲
目:	不详
科:	不详

种: 约 1 万

这类奇特多样的环节动物主要生活在海洋中。每一体节有一双长有刚毛、随生存环境变化的疣足。头部有许多感觉器官、鳃及指状触手，触手上生长着羽状绒毛。主要为雌雄异体，无生殖环带，体外受精。

Spirobranchus giganteus

大旋鳃虫

体长：不详
栖息地：陆生
分布范围：热带海洋

大旋鳃虫体形小，呈石灰质管状，附着于珊瑚或海绵状物中。口部位于顶端，旁边有一个带有纤毛的触手冠。它们会分泌出一种黏液，用于捕捉水中悬浮的颗粒，然后根据其大小送入口中。体呈节状，长有疣足、排状刚毛，可机动地为保护管提供帮助。

多毛蠕虫
属多毛纲，多毛纲为数量最多的环节动物，有 1 万余种海生品种。

鳃羽
鳃羽为螺旋状的触角，用于呼吸和进食。

Arenicola marina

海沙蠋

体长：11~20 厘米
栖息地：海生
分布范围：大西洋北部

海沙蠋是一种常见于沙子、淤泥中的蠕虫。形似陆地的蚯蚓，鳃外置于身体中部，头部向下弯曲，身体呈"J"形。移动身体时口中会喷出黏液。它移动时，体液通过过滤，将悬浮的生物颗粒置于洞的底端，进而将这些颗粒物吃掉。通过后退，将尾部置于外面进行排便，其排泄物呈小山状堆积。

Sabellaria alveolata

缨鳃虫

体长：30~40 毫米
栖息地：海生
分布范围：地中海、大西洋北部

缨鳃虫端部有一触手冠，其中心为口部和一个由微粒、沙土和贝壳组成的平盖。

它生活在由分泌物黏合形成的皱状管状物中，它居住的管是由环境中的小颗粒，如沙子、贝壳碎片等构成的。缨鳃虫们会把管建在一起，使其远看像一个蜂巢。它们会根据周围基质的颜色，来改变管的颜色。

Hermodice carunculata

多毛类萤火虫

体长：7~19 厘米
栖息地：海生
分布范围：地中海、大西洋热带西部海域

多毛类萤火虫身体细长，呈节状，两侧长有坚硬有毒的白刺。被刺中会产生强烈的刺痛感，它们的名字也由此而来。当感觉到危险时，它们会释放更多的毒素。刚毛和刺呈白色，由碳酸钙构成，与身体其他部位的深色形成对比，以提醒其他物种自己具有毒性。通常生活在海底，栖息深度为 50 米。

荧光
出现在身体表层周围。为了吸引雄性，雌性会发出荧光。雄性以同样的方式回应，并与雌性进行交配。

饮食
以珊瑚顶部为食。

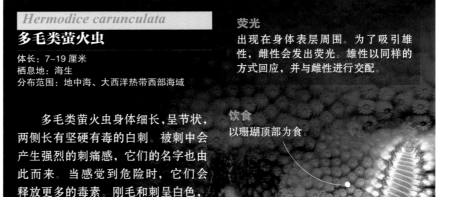

寡毛纲

门：**环节动物门**
纲：**环带纲**
亚纲：**寡毛纲**
目：**4**
种：**约3000**

寡毛纲是环节动物门最广为人知的一纲，栖居于陆地、淡水的蚯蚓以及少部分栖居于海洋的蚯蚓皆属于本纲。蚯蚓无四肢，刚毛少于其水生的祖先。除生殖环带在性成熟时期会有所变化，其余所有体节大小均等。雌雄同体，生殖器官复杂，为直接发育。

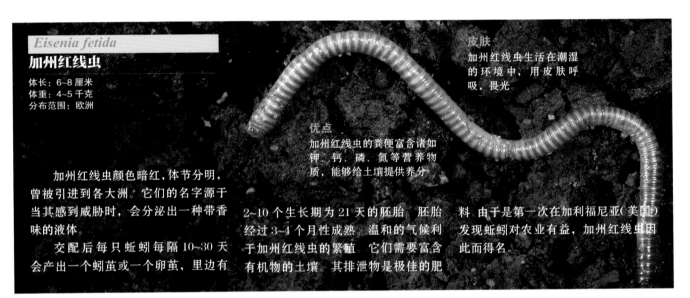

Eisenia fetida
加州红线虫

体长：6~8 厘米
体重：4~5 千克
分布范围：欧洲

皮肤
加州红线虫生活在潮湿的环境中，用皮肤呼吸，畏光

优点
加州红线虫的粪便富含诸如钾、钙、磷、氮等营养物质，能够给土壤提供养分

加州红线虫颜色暗红，体节分明，曾被引进到各大洲。它们的名字源于当其感到威胁时，会分泌出一种带香味的液体。

交配后每只蚯蚓每隔 10~30 天会产出一个蚓茧或一个卵茧，里边有

2~10 个生长期为 21 天的胚胎。胚胎经过 3~4 个月性成熟。温和的气候利于加州红线虫的繁殖。它们需要富含有机物的土壤。其排泄物是极佳的肥

料。由于是第一次在加利福尼亚（美国）发现蚯蚓对农业有益，加州红线虫因此而得名。

Lumbricus terrestris
普通蚯蚓

体长：7 厘米
体重：1.2 克
栖息地：陆地
分布范围：欧洲

欧洲本地物种，普通蚯蚓现已遍及全球。其生殖环带与马鞍相似，呈环带状，由多个体节组成，将腹部分开。与其他钻土觅食的蚯蚓不同，普通蚯蚓喜欢钻深邃的地道，再钻出地面来吃植物碎屑。此外，普通蚯蚓还食用昆虫尸体以及粪便。其所食之物可达自身体重的 90%，消化 50%。其代谢物，被称作蚯蚓复合肥或蚯蚓腐殖质，对土壤的营养价值极高。

生态价值
疏松土壤，利于通气，滋养土壤。

皮肤
蚯蚓的皮肤上有毛细血管，负责换气。

Tubifex tubifex
正颤蚓

体长：7 厘米
栖息地：淡水
分布范围：欧洲

正颤蚓生活在湖底及河底，甚至会栖居于污染严重的水域。食用河底沉积物中的有机物。被养鱼户引入到各个大洲。

水蛭

门：**环节动物门**	
纲：**环带纲**	
亚纲：**蛭亚纲**	
目：**3**	
种：**约500**	

水蛭多属淡水动物，但也有海洋和水陆两栖的水蛭物种。体形扁长，由一定数目的体节组成，有一个口吸盘和后吸盘。水蛭属于体外寄生虫，以吸血或食腐肉为生，身体有环带，与蠕虫不同的是，水蛭的环带只有在繁殖期才可见。

Hirudo medicinalis
欧洲医蛭

体长：30 厘米
栖息地：池塘及沼泽
分布范围：欧洲

欧洲医蛭在古代被用来放血消炎。其身体由 34 个真环和一系列环带薄膜组成，使其具有多体节的特点。当医蛭发现猎物时，就会通过前吸盘和嘴部吸盘将猎物牢牢固定住。其嘴为 3 片颚，呈锯齿状，有 100 多颗小牙齿。其唾液有麻醉、舒张血管的作用，并有抗凝肽，故可以在猎物毫无知觉的情况下吸食对方血液 10 分钟左右。猎物一旦被咬出伤口，其伤口在几小时内仍会继续流血。

湿地干涸及污染威胁着欧洲医蛭的生存。

食物
欧洲医蛭的消化道内有负责储存血液的盲肠，方便吸收血液。

Haemadipsa picta
花山蛭

体长：1~5 厘米
栖息地：陆地
分布范围：东南亚及澳大利亚

花山蛭的体色由棕到黑变化，腹部颜色最浅。最突出的是，贯穿全身的中心线不仅长且颜色最深。身体两端的强力吸盘能迅速移动，发现并吸取动物或人类的血液。属雌雄同体物种，兼具雌雄生殖器官。交配时分组交换配子受精。该水蛭兼具父母双方属性。通过蠕动前行，栖居在森林和植被茂密之处。花山蛭具有热量和运动传感器，能检测到自己的猎物。一旦开始吸血便变得贪婪，并致使身体膨胀。

捕猎时机
潜伏在树叶之上伺机扑向猎物并吸食其血液。

Tyrannobdella rex
暴君水蛭

体长：5~7 厘米
栖所：动物及人类身体上
分布范围：亚马孙河流域、秘鲁

暴君水蛭的首次发现时间是 2007 年，当时它正黏附在一个在河里游泳的秘鲁小女孩的鼻子上。与其他水蛭不同的是，暴君水蛭只有 1 片颚，带有 8 颗巨大的牙齿。这种水蛭可以通过人类的鼻孔或嘴巴进入口腔或鼻腔，粘住其黏膜吸血。也可以通过哺乳动物的眼睛、直肠和阴道进入其体内。其肌肉发达，身体呈棕色。暴君水蛭属雌雄同体，其雌性及雄性性器官皆比其他水蛭要小得多。

缓步动物和有爪动物

门：缓步动物门和有爪动物门	
纲：4	
目：5	
科：36	
种：约900	

缓步动物门、有爪动物门，属于原口动物，与环节动物（分节、无关节附肢）、节肢动物（体外覆盖角质层，生长过程中要蜕皮，体腔小）有亲缘关系。有爪动物或天鹅绒虫体呈蠕虫形，陆栖，夜行，通过分泌黏液觅食。缓步动物或水熊虫体形极小，主要生活在水中。

Hypsibius sp.
高生熊虫

体长：1 毫米
栖息地：陆生
分布范围：全球

高生熊虫的身体呈小桶状，被角质层覆盖，定期蜕皮。有 4 对足，末端有爪子或吸盘，前三对用于向前移动，后一对用于后退。以植物细胞为食。

Macrobiotus sp.
大生熊虫

体长：0.1~1 毫米
栖息地：陆生
分布范围：全球

大生熊虫的身体表面有渗透性极佳的透明角质层，会在生长过程中蜕皮。有 4 对足，每只足末端有 3 只爪子。在水中移动极其缓慢，常附着在坚固物体上。口位于腹部。身体两侧有黑斑。

Milnesium tardigradum
小斑熊虫

体长：1.2 毫米
栖息地：陆生
分布范围：全球

小斑熊虫是缓步动物中数量最多的一种。与其他缓步动物不同，它们以食肉为主，捕食轮虫类和线虫类。具备高度抗干燥的能力，因此易于研究。最后一对足位于尾部，便于抓住物体。

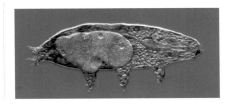

Macroperipatus sp.
大栉蚕

体长：1.5~9 厘米
栖息地：陆生
分布范围：南半球热带地区

大栉蚕的头部及触角呈深色，身体为深红色，有 31 对足，身体的支撑和移动通过一种水力骨骼完成。通过体内液压及肌肉活动进行移动。身体前端及嘴部两侧布满乳头状突起。附肢可喷射一种能够快速凝结的黏液进行防御、捕食。

Peripatus sp.
栉蚕

体长：1.5~15 厘米
栖息地：陆生
分布范围：南半球热带地区

身体呈圆柱状，无硬质骨骼，被几丁质构成的角质层覆盖。寿命约 6 年。有多双用于行走、呈环节状的足，末端有 1 或 2 只弯曲状爪子，部分有绒毛。头部有 1 对环形长触角。

角质层
身体被一层细微突起覆盖，呈现出天鹅绒般的质感。

附肢
有14~43 对运动附肢。

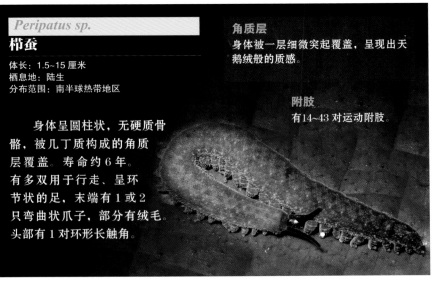

节肢动物

节肢动物是地球上最成功的动物种群。它们的种类很多，适应性也很强，以至于征服了水、陆、空的生存环境，甚至在高海拔或深海等不适宜居住的环境中定居下来。蛛形纲动物、甲壳纲动物、昆虫以及其他生物共同组成了这个我们尚未知晓其全部成员的庞大的群体。

一般特征

节肢动物是一个非常成功的群体，它们的生活方式和生存环境十分多样。节肢动物门的动物种类占所有动物种类的85%，其中，87%的节肢动物都是昆虫。它们的身体分节，具有完整的外骨骼，因而它们的生长是通过蜕皮实现的。它们的附肢和身体一样，也是分节的，节与节通过关节连接，所以它们被称为节肢动物（即"有关节的足"）。

门：节肢动物门
纲：14
目：69
科：约2650
种：约123万

形态特征

它们的身体是分节的，分节根据其不同的生长规律各不相同，并且有的分节高度融合，形成一些功能单元，被称为体区。节肢化的过程中最显著的特征是体壁的分化，体壁会分化成变硬的区域和柔软的区域，内部肌肉附着在体壁上，在肌肉收缩时，会带动外骨骼的关节一起移动；外骨骼的转动性也很突出。拥有硬化的角质外壳也是节肢动物区别于别的动物门类的特征之一，同时这个特征也使节肢动物到海洋以外的环境生存成为可能。硬化的外骨骼由不同程度的鞣制和钙化的蛋白质，还有几丁质以及一个防水、防干燥的蜡层共同组成。每一个分节之间由一种相对柔软的结构连接，形成一种可伸屈的节间膜。它们可具备成对的分节附肢，不同族群的附肢具有多种专项功能。

节肢动物同环节动物在不同的身体结构上具有共同之处，毕竟从进化的角度看，节肢动物源自环节动物。它们的共有特征包括分节的身躯以及腹侧神经节的存在。然而，外骨骼和没有内部隔膜的小体腔的出现源于节肢动物，它们的循环系统是开放或者半封闭的（有的节肢动物有鳃），其心脏具有心孔，靠近背部，会将体腔内的血液（血淋巴）泵向整个身体内部，也就是血腔。

身体系统

它们具有一个专门的口器，口器由多个附肢组合形成。节肢动物的消化系统是完整的（具有口和肛门）。根据摄入的食物不同，其消化系统也各不相同。其消化系统从前往后的区域依次为前肠（吞咽、粉碎、储藏）、中肠（消化和吸收）以及后肠（水分吸收、形成粪便）。

分节
身体的每个体节都由关节或骨片构成。每一个体节各有1对附肢，不同分类的节肢动物都有各自专门的附肢，具有不同的功能。

蜕皮或蜕壳

在节肢动物的生命周期中，它们会逐渐生长，身体会产生变化，因而必须更换外骨骼和所有覆盖在它们身体上的结构。这个过程包括细胞分裂、新的上表皮和原表皮的分泌、蜕皮液的激活、空气和水分的吸收（以便使身体膨胀，沿着蜕皮线挣破旧的外壳）以及新外壳的硬化。

1 蜕皮前
将新的上表皮和原表皮贮存在旧的外骨骼之下。

2 蜕皮中
外骨骼沿着头胸部打开，渐渐从身体上剥离。

3 蜕皮后
旧的外骨骼被丢弃，里面柔软而脆弱的节肢动物开始伸展。

4 蜕皮结束
通过蛋白质的鞣制，新的角质层开始硬化。

排泄系统也很多样，有些节肢动物保留着和环节动物相似的系统结构，但只存在于寥寥几节中；也有的节肢动物形成了专门的排泄系统，比如马氏管，这种排泄系统能在排出尿酸（昆虫和多足纲节肢动物）和鸟嘌呤（蜘蛛）等固体废弃物的时候保持体内的水分。它们也具有成对的腺体，被称为触角腺或绿腺（甲壳纲）以及基节腺（螯肢亚门）。

节肢动物的呼吸系统也各不相同，它们的运行方式行之有效，和其生活的环境息息相关。水生的体积微小的节肢动物，如甲壳纲动物和海蜘蛛纲动物，气体的交换是通过体表或节间膜的区域实现的；而大型的甲壳纲动物具有一些较薄的表皮褶皱，其内侧浸润在血淋巴（鳃）中，这些褶皱的内侧可以是游离的，也可以生长在开放或封闭的腔室中。对肢口纲动物而言，上述功能（鳃片）是由后肢完成的。在陆地环境中，它们进化出了体壁的套叠结构，比如蛛形纲动物的书肺，这种结构也要依赖循环系

统，以及气管（体现于六足节肢动物、多足纲节肢动物和高等蛛形纲动物）。这种气管是一种管道系统，它从外骨骼开始生出分支，其分支能到达动物身体内的几乎所有细胞。这个系统不需要借助循环系统输送气体（气管被划分为更细小的微气管，这些微气管直接与细胞连通）。等足目动物是仅有的陆生甲壳纲动物，它们有和气管相似的结构，这种结构位于腹部的附肢中，被称为假气管。它们的神经系统由位于背部的脑及成对的、有神经节的腹侧神经索组成。它们具有明显的头向集中，也就是神经系统在动物身体的前段集中。它们具有专门的感官，比如复眼、化学感受器、机械感受器和光感受器等带有角质层的感受器。多样的感受器赋予节肢动物极为有效的探测入侵者的能力，使它们时刻处于最佳警戒状态。其肌肉组织由专门的肌肉组成。这种肌

多产的大家族
节肢动物是动物中生物种类最多的门类，它们也征服了多样的生存环境。

肉组织不会形成肌肉层，而是形成横纹肌，横纹肌能让体节和体区相互独立地运动（肌肉附着在外骨骼的内侧）。同时它们的附肢内部也具有肌肉，使附肢可以很大限度地自主地运动，这种结构同昆虫的翅膀也有相通之处。其内脏处是平滑肌。

体区

体区是依据功能划分的节肢动物的身体单元（是一种根据体节的功能进行的划分）。例如，可以分为头、胸、腹3部分，这是六足节肢动物（昆虫）的体区划分。有螯肢动物划分为前体部（头胸部）和腹部（某些物种有两个体区融合的趋势）。甲壳纲动物被划分为头部、胸部和尾节。

有螯肢动物
有螯肢动物的身体分为两个体区：前体部和腹部。

前体部　　腹部
（中）间体　　后体部

甲壳纲动物
甲壳纲动物的身体分为3个体区：头部、胸部和尾节。

头部　胸部　　尾节

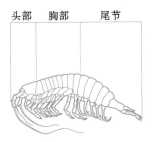

昆虫
昆虫的身体分为3个体区：头部、胸部、腹部。

头部　胸部　　腹部

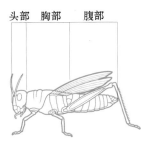

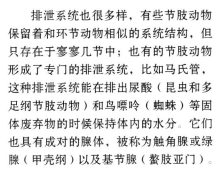

重要性

节肢动物在自然生态环境的运转中发挥着重要作用，因为它们能够使营养物质循环利用（昆虫降解）。此外，它们负责为植物授粉，这是食物链中的一个基本环节。从人类中心论的观点来看，节肢动物里有有害生物，也有控制有害生物的生物，它们也是生物指标。它们能够被制造成产品（蜂蜜、蚕丝、活性物质等），具有审美性，它们也是人类的食物来源（甲壳纲等）。它们是传染性物质（病毒、细菌、寄生虫）的重要传播者，也会引发疾病（虱病、蝇蛆病等）。有些病状是由咬伤（头部附肢或攻击性末端引起的损伤）引起的，有的是因为蜇伤（附肢或某种特定结构，出于捕食或防卫的目的插入皮肤），也有的由皮肤接触引发。从医生和兽医的角度看，螨类中最需要重视的是引发疥疮和蜱病的螨，这不仅仅是因为它们是寄生虫（以吸血为食），而且这种寄生虫病会产生严重的后果。蜱虫的寄生会对人类和动物的健康产生严重的影响（它们能导致巨大的经济损失）。蜱虫会对寄主的血液、皮肤或者机体产生直接的负面影响（比如瘫痪、贫血、皮肤病甚至中毒等），还会将病原体（细菌、病毒、原生动物、真菌等）传播给人类和动物。其他有螯肢动物造成的中毒，众所周知的有蛛毒中毒（例如毒蛛属、斜蛛属和罗纳栉蛛属的物种）或者蝎毒中

在无脊椎动物中，节肢动物门中有毒的物种最多。这其中包括蛛形纲动物（蜘蛛和蝎子）和多足纲节肢动物（蜈蚣及其他）。在昆虫中，只有蜜蜂和黄蜂的家族能注射毒素，但它们这种行为是为了自卫；其他昆虫家族的成员能分泌酸性的刺激性物质。它们的毒素用于捕捉猎物，以及在入侵者面前保护自己。

螯针
在蝎子的身体末端，有一根中空的刺，这根刺和分泌毒素的腺体相连。少数种类的蝎子毒素对人类而言是致命的。

毒（例如刺尾蝎属和钳蝎属的物种）。引起医生重视的昆虫集中在膜翅目（蜜蜂、黄蜂、大黄蜂）、半翅目（蝽象）、双翅目（蚊、虻、蝇）、蚤目（跳蚤）、鳞翅目（刺毛虫）和虱类（羽虱）。多足纲节肢动物中，唇足亚纲动物（蜈蚣）则比较突出。

起源和进化

环节动物、节肢动物、缓步动物和有爪动物等无脊椎动物的门类间具有一些基本的相似性。它们具有亲缘关系，上溯后生动物的进化历程发现，在某个点它们应该有一个共同的祖先。

显然，它们共同的祖先应该能追溯到前寒武纪时期。对于这个祖先的类别，我们达成共识，认为它应该是环节动物，或者是具有环节动物特征的无脊椎动物。目前，节肢动物进化史体现为有争议的三种假说：认为它们是单源的、二源的或者多源的。这三种看法都拥有支持者，节肢动物现在是否构成一个单一门类（单源的），是否共有一个节肢动物类的祖先，还是源于两个（二源的）或更多的（多源的）亲缘种群，科学界无法统一意见。这里的亲缘种群指的是共有一些身体特征（特别是关节连接的足，这是一种趋同进化）的种群。

坚硬的外壳
甲壳纲动物，比如红石蟹（*Grapsus grapsus*），具有坚硬的钙化外骨骼，它们的外骨骼是节肢动物中最厚的。

变态

节肢动物的发育可以是渐进的，也可以是通过幼虫阶段的显著的、剧烈的变化实现的。

占据陆地环境后，节肢动物的身体构造因为新环境而进行了更新，行为上也有了变化，它们的呼吸系统不再依靠水，变为了用气管呼吸。在陆地环境中，最重要的、必不可少的结构是体表的半防水的角质层，这个角质层对于防止其身体变干是必不可少的。

气体环境促进了翅膀的发育，这种结构是昆虫所特有的，在它们扩散、占领新领地的活动中，翅膀起着决定性的作用。在面对敌人时，昆虫可以借助翅膀快速逃走，也能凭借翅膀更好地寻找食物。昆虫面对各种环境选择的压力，其中包括维管束植物，它们推动着昆虫族群的多样化。昆虫的社会关系开始复杂化，繁殖的机制出现，比如昆虫的变态；新的物质也随之产生，比如丝。

占领陆地

节肢动物占领陆地环境意味着它们的生理和解剖结构必须做出必要的改变：当它们的生存环境从液体介质变为另一种非常不一样的气体介质时，它们就不得不努力维持身体内部的水分，也就是渗透调节。在新环境中，可支配的氧气量推动了空气呼吸的身体结构的发育（例如，气管有气孔或气门，气体通过这里进出）。在新的环境中，新的排泄废弃物（氮）的方式也开始占主导，即以尿素或尿酸的形式排出。大气环境并不是始终如一的，这迫使它们必须改变身体温度调节机制，改变感觉器官，甚至改变

所有和这些有关的生活习性，例如进食的习性（它们产生了为数众多的专门化的口器，以应对新环境的新食谱）。

行为

相比其他无脊椎动物，节肢动物的活动更复杂、更具有组织性。一个比较极端的例子是那些被称为"社会性昆虫"（例如蜜蜂、白蚁和蚂蚁等）的节肢动物。这些昆虫具有与其结构、生理和生命周期相关的不同寻常的特征，但其中最有趣的应该是它们复杂的行为。虽然先天行为或者本能行为（不需要通过学习或先期经验就能进行的行为；与生俱来的行为）支配着它们大部分的活动，但是学习能力也在

许多物种的生活中占据着重要的地位。许多昆虫，比如蜜蜂，从出生起就要执行各种各样的任务，它们要学习觅食的路线（采集花蜜和花粉）。某些研究把蜜蜂早已深入人心的奉献的、牺牲的、顽强的、有序的、有恒心的形象模糊化了。蜜蜂在个体层面的行为可以是混乱的（无序的），同时它们在集体层面的行为是同步的、周期性的（有序的）。数学模型展示出了蜜蜂的社会行为中一个最令人吃惊的方面：当蜜蜂聚居地的活动处于有序和无序两极的动态平衡中时，其社会组织性才得以产生和延续。

节肢动物化石

根据化石的记载，节肢动物出现在寒武纪时期。三叶虫（最具代表性的节肢动物化石）出现于 5.5 亿年以前，在其后的 3 亿年间，它们在海洋中大量存在。它们开发出非常多样的栖息地和生活方式。它们的身体结构分为三个体区：头部、胸腹部和尾节，其中胸腹部和尾节在分节（每个分节都具有一对附肢）的数量等方面并不统一。

古代遗迹

三叶虫代表着古生代特有的节肢动物中的一个群体，比如莫特卡三叶虫（*Modocia typicalis*），存在于寒武纪中期的美国境内。

蛛形纲动物

蜘蛛、螨、蜱、蝎子等动物构成了蛛形纲这一分类。它们的身体被分成两部分，拥有6对附肢，一般有4对用于行走。它们在数百万年以前就征服了陆地环境，有记载的蛛形纲动物种类超过7万种，至今它们中的大多数还在陆地上生活着。

一般特征

蛛形纲是一个古老的种群，隶属这一纲的动物种类多样、数量繁多。蛛形纲是螯肢亚门中动物数量最多的纲目。它们中的大多数是陆生、食肉性、掠食性动物，有少数拥有分泌毒液的腺体。它们的身体分为两个体区。它们有4对步足；1对身体前部的触肢，有感知和繁殖的功能。它们的眼睛属于单眼，视力佳。陆生的蛛形纲动物身体表面有蜡层，蜡层能防止动物身体变干，也能防止外界水分过多地进入身体。

| 门：节肢动物门 |
| 纲：蛛形纲 |
| 目：11 |
| 种：超过7万 |

古老的大家族

蛛形纲动物是首先登陆陆地环境的物种。如今，在无脊椎动物中，它们的物种数量位居第二，仅次于昆虫。

一般特征

蛛形纲包含蜘蛛、蝎子、螨等动物。它们的身体可以被划分为两个主要的体区：前体部和后体部。两个体区或者完全相连，或者通过一个肉茎相连。大多数蛛形纲动物的前体部是分节的。后体部长有附肢：4对足、1对脚须。在靠近口部的位置还有1对螯肢。它们的眼睛是单眼，成对排列。它们主要是肉食性动物。它们用螯肢和脚须捕捉猎物并把它们撕裂，然后将消化酶释放在猎物的组织上，进行体外消化。融化的食物被泵向口腔（通过咽部肌肉的作用或有吸力的胃），经过咽部进而到达盲肠。

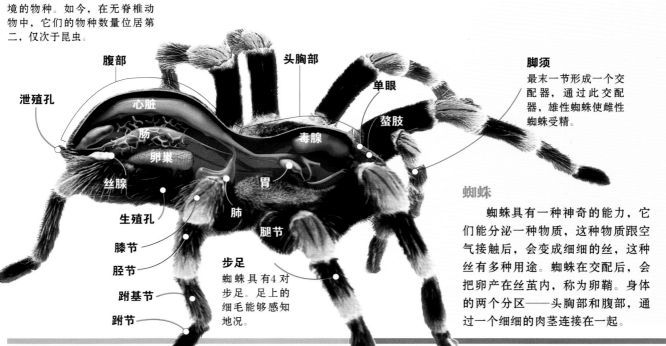

脚须

最末一节形成一个交配器，通过此交配器，雄性蜘蛛使雌性蜘蛛受精。

蜘蛛

蜘蛛具有一种神奇的能力，它们能分泌一种物质，这种物质跟空气接触后，会变成细细的丝，这种丝有多种用途。蜘蛛在交配后，会把卵产在丝茧内，称为卵鞘。身体的两个分区——头胸部和腹部，通过一个细细的肉茎连接在一起。

腹部　头胸部　单眼　泄殖孔　心脏　螯肢　肠　毒腺　卵巢　丝腺　胃　生殖孔　肺　膝节　腿节　胫节　步足　跗基节　跗节

步足

蜘蛛具有4对步足。足上的细毛能够感知地况。

在这里进行营养的吸收和体内的最终消化。残余物通过一个短短的直肠，由肛门排出，肛门位于身体的最后一个体节。

排泄

蛛形纲的排泄器官是基节腺（位于基节中，也就是附肢和头胸部连接的部位）和马氏管。马氏管负责将废弃物质排入肠道中段，肠壁上有一种细胞能积累废弃的氮，并随后将它们从消化孔排出。此外，体腔内还有特殊的细胞（肾原细胞），能汇集并积累废弃产品。最常见的排泄产物是鸟嘌呤，也包括尿酸和黄嘌呤。这些都属于半固体排泄物。

呼吸和循环

它们通过书肺呼吸：书肺由 1~4 对外皮的褶皱组成，一般认为它们是从附肢衍生出来的，位于腹部的中心部位。通过气孔或者气门与外界相通。

后来可能出现一种类似昆虫气管的系统，在第三节有 1~2 对气门。少数蛛形纲动物还能通过体壁呼吸（小型蛛形纲动物和某些螨类）。它们的心脏位于腹部。前端主动脉将淋巴液运送到头胸部，后端主动脉将淋巴液运送到腹部。心脏的每一段都会有一对腹动脉，它们将淋巴液输入组织中，进而从那里进入一个大腹窦，书肺就浸润在腹窦中。静脉导管将淋巴液从腹窦或肺部输送到心脏。有的蝎子和许多蜘蛛的淋巴液都包含血蓝蛋白，这是一种负责输送血液中的氧气的色素。

神经系统

蛛形纲动物的大脑按照其功能被划分为两个区域，分别称为前脑节和后脑节，它们分布在食管上面，其余的神经系统分布在食管下面。身体中间部分和腹部的大部分神经节通常和身体后部的神经节相融合，食管下方的神经节衍生出附肢的神经以及腹部后部神经束。有许多种体积、外观各不相同的结构被用作多种外界刺激的接收器，最基本的是触觉刺激，但是也包括嗅觉的、味觉的、听觉的以及热感的和视觉的外界刺激。

对这些动物来说，异常重要的是感觉毛，这是一种能动的毛发，很细很长，能够感知空气的流动和振动。另一个蛛形纲动物身上常见的结构是裂缝感受器，它们分散在附肢和身体上，且主要集中分布在附肢上，形成一种竖琴状的器官，回应关节的运动和振动，或者说，它是一种本体感受器（让动物知道自己身体的相对位置）。

繁殖

它们是雌雄异体的，也就是说有雌性的个体和雄性的个体。性腺（单个的或者成对的）位于腹部。生殖孔位于后体部的第二个体节。受精方式为体内受精，通常通过精荚进行间接受精。精荚是一个特殊的囊状物或者袋状物，用于运载并保护精子，将它们与环境隔离开来（这是对陆地环境的一种适应）。

它们拥有复杂的求偶仪式。不同性别的个体会对视觉、触觉以及化学的求偶信号做出回应，这些信号让生物们开始进行间接受精所必需的行为。这些信号对于掠食性动物是非常重要的。后代的发育是直接发育，不经过变态过程。蛛形纲动物有的是卵生的，有的是卵胎生的，也有的是胎生的。少数物种通过孤雌生殖进行繁殖。

多样性

在有螯肢的节肢动物（有螯肢、无触角、无颚骨）中，蛛形纲动物包含蜱螨目（螨和蜱）、无鞭目、蜘蛛目（蜘蛛）、盲蛛目（大脚蜘蛛）、须脚目（鞭蝎目）、伪蝎目（拟蝎目）、节腹目、裂盾目、蝎目（蝎子）、避日目和尾鞭目。

它们也是蛛形纲动物
蜱和螨是构成蛛形纲动物的一个子类，在这个子类中，大部分物种的体长都只有几毫米。

外骨骼

蛛形纲动物的生长是通过蜕皮来实现的，通过蜕皮，它们会摆脱旧的外骨骼。在青年时期，每个个体通过持续的蜕皮（最多 1 年 4 次）来生长；当它们长至成年，蜕皮便改为 1 年 1 次。

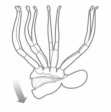

1 表皮松散
甲壳的前缘剥落，外皮从腹部脱落。

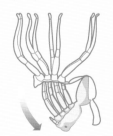

2 蜕皮
足进行上下的运动，直到新的角质层从旧的角质层中滑出。

3 新皮硬化
旧的外骨骼从身体上脱落，新的外骨骼接触空气后，渐渐变硬。

蜘蛛网

蜘蛛最明显的特征就是能织蜘蛛网，蜘蛛特殊的腺体能分泌大量的蛛丝，这些蛛丝集合而形成蜘蛛网。蛛丝在蜘蛛体内时是液体，被分泌出来暴露在空气中时，就会硬化。蜘蛛网有弹性，轻薄而耐久，具有繁殖、捕食、防御等功能。

用网捕食

蜘蛛丝最为人熟知的功能是蜘蛛用蛛丝结成的网捕捉猎物。这些节肢动物具有很强的适应性，它们能修改蛛网的样式。网的样式和大小取决于被困住的生物以及可能捕获的猎物。蛛丝纤细，蛛网几乎是透明的，这也是蜘蛛捕食的策略，猎物无法轻易避开蛛网。

构造

蛛网的外观由蜘蛛决定。其韧度堪比钢铁，弹性则相当于尼龙的2倍。

陷阱

有许多蜘蛛用网来捕食猎物。网的式样有多种：从简单的悬丝到复杂的三维立体的网。

用于固定

蛛丝的黏附属性归功于黏性物质或缠绕得极细的丝。

信息

当猎物撞向蛛网，会使蛛网发生振动。这样，蜘蛛就会获得关于猎物的位置、体积以及重量的信息。

1 开始织网
蜘蛛将自己悬于长丝上，随风摆动，当丝的游离端与物体接触并黏附后，便搭成了一个水平丝桥。

2 三角结构
蜘蛛以丝桥的两端为两端，织出一根松散的丝，它沿着这根松散的丝滑下，丝构成一个三角形。

3 支撑结构
用蛛丝构建支撑结构，支撑结构可以固定在周围的物体上，可以是树干、墙或者岩石。

4 放射状的经丝
通过纺绩器，蜘蛛织出蛛网的经丝，然后再从一根经丝到另一根经丝，织出临时的非黏性的螺旋丝。

5 替换
非黏性丝会因为蜘蛛螯肢的动作或者猎物而破裂。蜘蛛会把非黏性的螺旋丝替换为更为持久的黏性丝。

2500
目前已有2500种结网蛛被登记在册。

可食用的网
如果蛛网失去黏性，蜘蛛会把失去黏性的网吃掉，从而恢复消耗掉的能量。

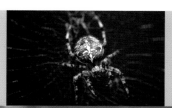

致命的吸引
有的蛛网，为了能吸引昆虫的到来，会模仿花的紫外线图案。

"纺纱工人"
蛛丝由2~3对丝腺分泌产生，丝腺中含有数百个微型管，与产丝的腺体相连。蛛丝像液体一样被分泌出来，随后接触空气便渐渐硬化。

多种用途
蛛网最初的用途是为了繁殖，用于保护精子或卵子。蛛丝也被用于编织捕食用的蛛网，或用于困住猎物、掩盖住所以及作为安全线。

繁殖
雄性蜘蛛织网，以便将精子运输到它们的脚须。

掩盖
挖掘穴道居住的蜘蛛会用蛛丝盖住洞口。它们也能用蛛丝织成盖子。

包裹
猎物一旦被捕获，会被包裹在蛛丝的囊中，进而被吸食。如果猎物没有马上被吃掉，丝囊包裹的猎物可以直接用来储存

构成
蛛丝由复杂的蛋白质构成。雄性蜘蛛和雌性蜘蛛都能够合成这种物质。

卵鞘
蜘蛛的卵子会被蛛丝包裹，形成一个具有保护作用的丝茧。

安全保障
蜘蛛在移动时，会放出一根坚韧的丝，这根丝可以在它不慎坠落时保护它。

30%
蛛丝在原始长度的基础上可延伸的长度。

毛丛
蜘蛛足部的末端有黏性的毛，这些毛使它们能在网上行走。

礼物
雄性蜘蛛会用蛛丝把猎物包裹好，送给雌性蜘蛛，以此向它求爱。

多种多样的陷阱
有的蜘蛛织出的蛛网带有整齐的图案，如螺旋形、漏斗形、穹顶形、管状等。也有的蜘蛛网是不规则的，靠树叶和树枝起支撑作用。有的巨形热带蜘蛛的网异常结实，甚至能困住体形较小的鸟类。

飞行
蜘蛛可以爬到高处，放出蛛丝落下，然后被风带到别的地方。

蝎目

门：节肢动物门

亚门：螯肢亚门

纲：蛛形纲

目：蝎目

种：1200

蝎目是节肢动物中最古老的的陆生种类。据估计，它们是由水生的祖先进化而来的。它们可以生活在多样化的环境中，比如沙漠和热带雨林。它们对人类来说并不都是危险的。蝎子以其他无脊椎动物为食，它们通过被称为螯肢的口器和两个附肢进食。螯肢可以研磨食物，而两个附肢，或者说两个巨大的脚须的末端具有可以刺破猎物的蝎钳。

Pandinus imperator
帝王蝎

体长：12~20 厘米
栖息地：陆地
分布范围：西非

帝王蝎拥有强壮的身躯，它们是蝎目中体形最大的物种之一，但不具有攻击性。它们有巨大的脚须（口的延伸），上面有表面呈颗粒状的钳子；它们还有强有力的螯肢。

白天它们躲在缝隙、洞穴、岩缝中或者杂物堆中；到了夜晚，它们开始捕猎小昆虫，如蟋蟀、蟑螂、蚯蚓甚至体形较小的老鼠。雌性帝王蝎较雄性略大。在繁殖季节，帝王蝎会进行一种类似舞蹈的求偶仪式，在仪式中，雄性蝎子会将精荚放置在地上，稍后雌蝎会把它放入自己的生殖道。

螫伤
被帝王蟹螫伤相当于被蜜蜂螫伤，其毒性很低。

Tityus pachyurus
哥伦比亚毒蝎

体长：6.5~7.5 厘米
栖息地：陆地
分布范围：巴拿马、哥伦比亚和哥斯达黎加

这是世界上毒性最强、最危险的蝎子之一。它们呈现均匀的暗红色，外表粗糙无光泽。这是一种夜间活动的肉食性蝎子。尽管它们的适应能力非常强，能够适应城市的生活环境，但它们还是多生活在林下植物的落叶或植被下，很少在地面上活动，大多是在干燥避光的地方生活。

它们的毒素会使受害者呼吸困难，大汗淋漓，行为异常，流泪乃至死亡。

Buthus occitanus
地中海黄蝎

体长：8~12 厘米
栖息地：陆地
分布范围：伊比利亚半岛和北非

地中海黄蝎生活在干旱的岩石地带，喜爱温暖、隐蔽的空间，比如灌木丛中。被它们螫伤后会非常痛，然而对人类来说并不致命。它们的蝎毒具有 11 种不同的毒素，其中有两种毒素对大型哺乳动物有影响，会使哺乳动物产生红斑反应、局部坏死、患侧肢体发炎、肌肉痉挛、震颤、刺痛和麻木的感觉。

它们的食物包括节肢动物甚至它们的同类。它们在晚上捕食，在这期间它们隐藏在自己的洞口等待猎物。它们通过探测猎物行走造成的地面振动来预知猎物的到来，然后用毒刺向猎物注射毒素以使其麻痹。吃剩的食物残骸就散布在它们的洞口周围，这些残骸包括昆虫的外骨骼乃至幼年的加拉帕戈斯陆龟的头骨。它们在温暖的月份比较活跃。

眼睛
它们有 1 对由角膜和晶状体组合而成的前侧眼

毒性
可以注射微量的毒素

Hadrurus arizonensis

沙漠金蝎

体长：14 厘米
栖息地：陆地
分布范围：美国的加利福尼
亚州和墨西哥

沙漠金蝎是北美洲体形最大的蝎子，它们已经适应了其生存环境的炎热和干旱，能够忍受身体中40％的水分流失。

白天，它们隐藏在自己挖掘的洞穴中，洞深可达 90 厘米。它们通过自己的毒素猎食大型昆虫、蜘蛛和小型脊索动物。它们的毒素的毒性对人类来说并不是很强，但是会导致呼吸困难以及长时间的肿痛等症状。在其自然栖息地，还有其他种类的蝎子和它们共存，例如加利福尼亚沙漠金蝎。它们的平均寿命为 2~5 年，不过目前已发现寿命达到 25 年的个体。

Androctonus amoreuxi

利比亚金蝎

体长：10 厘米
栖息地：陆地
分布范围：非洲

利比亚金蝎的拉丁学名指出了它们的危险性，其拉丁文意为"人类杀手"，这是因为它们的蝎毒所含有的神经毒素能够致人死亡。它们大小适中，捕食的猎物体形都比它们小。它们通过体内受精的方式进行繁殖，雄蝎将精荚放置在地上，雌蝎将其送入自己体内。幼蝎在雌蝎体内发育，其妊娠期为 4~6 个月。

感觉毛
能够探测地面的振动。

门：	节肢动物门
亚门：	螯肢亚门
纲：	蛛形纲
亚纲：	蜱螨亚纲
目：	7
种：	3 万

蜱螨目

这是一个物种非常多样化的群体，蜱类和螨类都包含在这个群体中。它们种类繁多，生存环境非常广泛，从淡水到海水，既有寄生的，也有营自由生活的。

Dermacentor variabilis

美洲狗蜱

体长：4 毫米
栖息地：陆地
分布范围：北美洲

它们的形状为圆形，幼虫和成虫很好区分，因为成虫有 8 条腿，而幼虫只有 6 条。它们在地毯上或者有高高的牧草的地方生活，这些地方能让它们有机会攀附到脊椎动物身上，比如狗、牛、马以及人类，它们以吸食这些脊椎动物的血液为生。吸血后，它们的体积会有巨大的变化。在繁殖的季节，雌蜱虫可产多达 7000 枚卵。

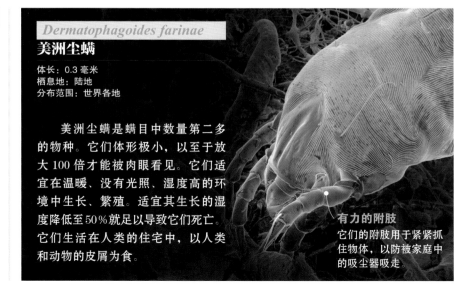

Dermatophagoides farinae

美洲尘螨

体长：0.3 毫米
栖息地：陆地
分布范围：世界各地

美洲尘螨是螨目中数量第二多的物种。它们体形极小，以至于放大 100 倍才能被肉眼看见。它们适宜在温暖、没有光照、湿度高的环境中生长、繁殖。适宜其生长的湿度降低至 50％就足以导致它们死亡。它们生活在人类的住宅中，以人类和动物的皮屑为食。

有力的附肢
它们的附肢用于紧紧抓住物体，以防被家庭中的吸尘器吸走。

蜘蛛目

门：	节肢动物门
亚门：	螯肢亚门
纲：	蛛形纲
目：	蜘蛛目
种：	3.5 万

蜘蛛的身体前段被一个形似甲壳的盾覆盖着，身体的后段不分节。嘴前方的螯肢呈爪状或犬牙状，里面具有分泌毒液的腺体。此外，它们还拥有分泌蛛丝的腺体。大多数蜘蛛有 8 只眼睛。它们分为织网型蜘蛛和游猎型蜘蛛。雄性蜘蛛通常比雌性蜘蛛的体形小。

Araneus diadematus
十字园蛛

体长：0.5~2 厘米
栖息地：陆地
分布范围：北半球

织网与拆网
十字园蛛每天都重新构建它们的网，以增大捕获猎物的可能性。

十字园蛛的颜色在黄色和深灰色之间变化，深灰及黑。所有个体在背部都有白色的"十"字形的斑点。它们通常生活在花园的灌木丛中，在这里编织出螺旋形的蛛网，然后待在网的中央，等昆虫落入网中就快速用丝将其缠住。但它们并不会立即将猎物吃掉。十字园蛛的足部是很特殊的，所以它们适合在蛛网上行走。第一对步足最长，被用作环境中振动的感官接收器。

雄性十字园蛛比雌性的小很多，它们在靠近雌蛛进行求偶时会很谨慎，因为很有可能会被雌蛛视为潜在的威胁。雌性十字园蛛将卵产在茧中，然后守护它们直到死去。

Gasteracantha cancriformis
乳头棘蛛

体长：0.2~1 厘米
栖息地：陆地
分布范围：美国南部和中美洲

乳头棘蛛生活在低矮的植被处。在交配时，雄性乳头棘蛛会在雌蛛的网旁边结一张网，然后在网上走动，以表示自己不是一个潜在的猎物。

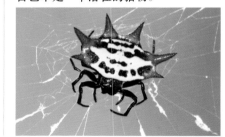

Meta menardi
欧洲洞穴蜘蛛

体长：2~6 厘米
栖息地：陆地
分布范围：欧洲、亚洲和北非

欧洲洞穴蜘蛛生活在黑暗的地方，如洞穴、隧道和矿井。出生时，年幼的欧洲洞穴蜘蛛都喜光，而成年欧洲洞穴蜘蛛都极为怕光。它们的身体和足部都较为细长，口部的螯肢很发达，在交配时，雄蛛会用螯肢固定住雌蛛。装有蜘蛛卵的茧呈泪滴状，通过一根蛛丝悬挂着。欧洲洞穴蜘蛛以无脊椎动物为食，特别是千足虫。

Argyroneta aquatica
水蛛

体长：0.8~2 厘米
栖息地：水中
分布范围：亚洲

水蛛生活在水面以下，由于具有呼吸用的肺，它们会用自己的丝织一个储存空气的钟形罩，并把它固定在水生植物上。为了向钟形罩内填充氧气，它们会在水面寻找气泡并将气泡拖到钟形罩内，把气泡挂在覆盖它们身体的绒毛上。这个钟形罩除了储存空气之外还起到巢穴的作用。当有猎物靠近时，蛛网上会产生振动，提醒水蛛去捕捉猎物。捕获猎物后，水蛛会把它们拖进钟形罩内，它们在钟形罩内分泌一种消化酶，将猎物溶解。水蛛白天留在巢内，以水生动物为食，包括一些鱼苗。它们生活在平静的或者较为静止的水域。

Nephila clavipes
金丝蜘蛛

体长：0.4~4 厘米
栖息地：陆地
分布范围：北美洲、加勒比
地区、中美洲和南美洲多地

　　金丝蜘蛛通常生活在水体周围潮湿的地区。雌蛛身体的后段呈细长的橙色圆柱形，上面有黄色的小点，它们身体的前段是银色的，足部有黄色和褐色的条纹；雄蛛呈棕色，不像雌蛛颜色那么醒目，它们通常独居或小规模群居，生活在雌蛛的网附近，以雌蛛没吃掉的小昆虫为食。

　　当有昆虫碰到蛛网，金丝蜘蛛会靠过去，将猎物用丝包裹起来。如果需要立即食用，它们会将消化液注入昆虫体内；否则会将裹好的昆虫用丝悬挂起来，以备几个小时后使用。它们的蛛网是二维的，并且通常定向在垂直平面的两个支撑物之间。它们以这种形式编制更大

的网，有的网边长达 1~2 米。每天它们都会对网进行维护，撤掉失去黏性的和破损的辐射状经丝。从蛛网上撤掉的蛛丝会被蜘蛛吃掉，从而补充氨基酸。雌蛛在交配后，很少会吃掉雄蛛。它们的寿命约为 1 年。

等待
金丝蜘蛛会待在网的中央，直到捕捉到昆虫。

Latrodectus mactans
黑寡妇蜘蛛

体长：1~4 厘米
栖息地：陆地
分布范围：美国

　　黑寡妇蜘蛛呈黑色，身上有一个红色斑点，腹部形似一个沙漏，上面也可能有多个斑点。幼年的黑寡妇蜘蛛有橙色的、棕色的和白色的，通过蜕皮呈现新的颜色。它们多生活在暗处，天性并不具攻击性。它们在夜间活动，不喜群居。其毒素具有神经毒性，会造成中枢神经系统麻痹和肌肉痛。

Pholcus phalangioides
家幽灵蛛

体长：0.5~1 厘米
栖息地：陆地
分布范围：世界各地

　　家幽灵蛛很容易在住宅中被找到，尤其是在房间天花板的角落。它们织的网没有固定形态，其蛛丝是最细、最坚韧的蛛丝之一。家幽灵蛛的足长是体长的 5~6 倍。它们以昆虫和其他蜘蛛为食。如果食物匮乏，它们会吃掉自己的幼蛛和自己蜕掉的壳。

Theraphosa blondi
亚马孙巨人食鸟蛛

体长：5~10 厘米
栖息地：陆地
分布范围：南美洲北部

　　亚马孙巨人食鸟蛛体形硕大且健壮，目前记载的最大的个体重达 150 克，包含足部在内的身长长达 30 厘米。它们周身覆盖绒毛，身体为深褐色。在蜕皮前，它们的身体会发红，颜色会变浅。为了防御，它们长有许多致痒的刺毛，人类接触后会导致严重的过敏。

　　雌蛛最多能活 15 年，而相对于雌性，体形较小的雄蛛只能活 3 年。它们食用多种动物，包括小型脊索动物，如蜥蜴和老鼠。亚马孙巨人食鸟蛛的求偶仪式进行得很缓慢，雄蛛谨慎地靠近雌蛛，同时抬起脚须和第一对步足。交配过程耗时并不多，交配完成后雄蛛会快速地逃离雌蛛，以防变成雌蛛的食物。雌蛛最多会耗时 1 年来构筑 1 个卵袋，一旦卵袋挂好，蜘蛛幼虫便会在里面进行为期 10 周的孵化。一般来说，雌蛛每产下 200 枚卵会有 100~150 枚卵能够孵化成功。幼蛛的第一次蜕皮在出生 3 周后进行。亚马孙巨人食鸟蛛是世界上体形最大的蜘蛛之一。

其他螯肢亚门动物

螯肢亚门动物起源于早寒武纪时期的海洋，是除昆虫以外，物种最丰富的动物门类。在蛛形纲动物中，除了个别动物，绝大多数都是陆生的。而与之相反的是，另外两纲——肢口纲（包括现存的剑尾亚纲和已经绝种的板足鲎亚纲生物）和海蛛纲（也叫坚殖腺纲），都是海洋动物。

门：	节肢动物
亚门：	螯肢亚门
纲：	3
种：	8 万

身体外部结构

虽然螯肢亚门生物的身体都可以分为前体部和后体部两部分，然而肢口纲动物的前体部很宽，上面覆盖着背甲，而且每一个体节都有不分支的附肢。螯肢和须肢有专门的用途，具有极为广泛的功能，如感知、进食、防御、运动以及交配。它们拥有中间的单眼和两侧的复眼。后体部至多由 12 个体节组成，具有有鳃的附肢和一个尾节；在海蛛纲的动物中，前后体区都被缩短（尤其是后体部），并且没有尾节，它们的大部分内脏都分布在足部，其数量可能大于 4 对，且没有复眼。

身体内部组成

它们的消化道延续了节肢动物消化道的基本模式，分为前、中、后三部分。循环系统包括一个背侧的有心孔的心脏，心脏位于心包窦的内部，通向多根血管。剑尾亚纲动物（包括鲎）用书肺进行气体交换，这在节肢动物门动物中是较少见的。每一片书肺都有数百个鳃瓣，其内部循环着血液，血液与外界被表皮和细致的角质层分隔开。被高度改良的附肢有节奏地摇摆，以便让周围的水动起来。海蛛纲动物没有专门用于气体交换和排泄的器官。

繁殖与发育

螯肢亚门动物是雌雄异体的，通常有复杂的交配行为，以确保受精。除了剑尾亚纲动物的幼卵以外，螯肢亚门物种的幼卵通常几乎没有卵黄。幼卵是直接发育的，性腺很简单。它们具有显著的性别差异，大多数时候雌性比雄性体形大。海蛛纲动物的携卵肢很突出，雄性的携卵肢比雌性的要发达很多。

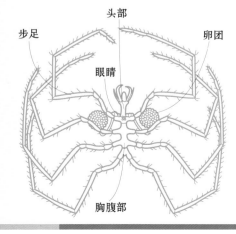

头部

步足

卵团

眼睛

胸腹部

海蛛纲

门：节肢动物门
亚门：螯肢亚门
纲：海蛛纲

从南极、北极到热带地区，所有海洋中都有它们的踪迹；有的生活在滨海地区，有的生活在大洋深处。总体上，它们体形都很小，体长都介于 0.1~1 厘米之间。

Colossendeis proboscidea
巨吻海蛛

体长：0.5~1 厘米
栖息地：海洋
分布范围：太平洋南部和印度洋

巨吻海蛛的身体细长而扁平。两个体部间的分区不是很明显。它们的颜色通常是黄色或者棕色。巨吻海蛛生活在 10~5000 米深的海洋深处。它们的足可长达 40 厘米。然而，很多时候，比起依靠自身的运动系统，它们要更多地依靠海洋底部微弱的水流进行移动，这种水流会使巨吻海蛛旋转起来。它们的步足由 3 个基节、股节、2 个胫节、基腹节、跗节和足部末端组成。主要以水螅为食。它们在海底行走，将须节抵在海底的海床上，以此来探测淤泥中潜在的猎物。

Pycnogonum
海蜘蛛

体长：0.5~2 厘米
栖息地：海洋
分布范围：北冰洋、北大西洋和地中海

海蜘蛛的身体长满了疣状颗粒，身体由区分得很明显的体节构成。它们没有螯肢，也没有须节。它们的腹部很小，身体的颜色是白色、淡黄色或类似棕色的，拥有 4 只眼睛。它们的 4 对步足又短又宽，足上有分节，足的末端是弯曲的。和雌性海蜘蛛不同的是，雄性具有携卵肢，携卵肢用于携带虫卵且比其他附肢都短。它们生活在海水中浅水区域的礁石底下。

鲎

门：节肢动物门
亚门：螯肢亚门
纲：肢口纲
目：剑尾目

鲎，这个古老的海洋原住民共有 5 个不同的种类。它们终生居住在海底深处柔软的海床上，仅仅在交配的时候离开大海，将卵产下，埋藏在潮间带的沙土中。

Limulus polyphemus
美洲鲎

体长：40~60 厘米
栖息地：海洋
分布范围：墨西哥湾和大西洋北部

美洲鲎是公认的活化石，因为我们发现的最早的鲎的化石诞生于 4.45 亿年前。它们生活在浅海处的软质海底中。其身体颜色为深棕色。美洲鲎有一个马蹄铁状的背甲，背甲表面光滑、向上凸起。这种外形方便它们的行动，而且能够对腹部的附肢起保护作用。

背部以及前体部的背甲两侧都有 1 只大型复眼，2 对较小的单眼分布其间，背甲底下还有 5 个光感受器。美洲鲎是肉食性动物，它们摄入的食物中 80% 是双壳类软体动物。此外，它们也吃其他的软体动物、环节动物以及其他无脊椎动物。

陷阱
鲎可以把自己藏在沙子中进行狩猎。

背甲
背甲是前体部的体节融合在一起的产物。

甲壳亚门动物及其他

大多数甲壳亚门动物生活在海洋和淡水中，只有很少数生活在陆地上。一般来说，它们通过鳃呼吸，具有用于运动的附肢。这个成员丰富的群体由磷虾、水蚤、蟹、龙虾、虾以及潮虫组成。

一般特征

甲壳亚门动物的角质层可能是钙化的并含有色素。它们的身体分为头部、胸部和腹部。原始的甲壳亚门动物身体分为 60 个以上的体节，到现在体节数已大为减少，其大部分体节都被外壳或者表面的盾片保护着（甲壳亚门就得名于此）。甲壳亚门动物营自由生活，是滤食性动物、掠食性动物或食腐性动物，此外，也存在寄生的甲壳亚门动物。

门：节肢动物门
纲：6
目：40
种：超过6.7万

形态和摄食

甲壳亚门动物的身体一般具有明显的分区。头部由原头区（前端的非体节区域）及 5 个体节组成。它们具有头部盾片或甲壳。头部通常具有 1 对复眼，有柄的或者无柄的，而它们的幼虫只具有 1 只无节幼体单眼。此外，它们具有 5 对附肢，其中包括 2 对触角（第一触角和触角）、1 对颚足和 2 对上颌骨（小颚和大颚）。其胸部（或者说中间部分）的体节数量不一。它们的附肢或者胸部附肢具有多样化的功能：运动、摄取食物、呼吸以及防御。内部是其主要器官。它们的鳃一般是胸部附肢的一部分，胸部附肢的末端一般有刺，以抵御外敌或处理食物。它们的腹部也有数量不等的体节。腹部的附肢叫作腹足，主要用于游泳。身体最后面的附肢是尾肢。甲壳亚门动物的身体最末端不分节，被称为尾节，这和环节动物的尾节是同源的。

所有附肢最初都是双肢型的（有 2 个分叉），有的部分变成了单肢型。甲壳亚门动物的食物很多样，因此，与摄食相关的附肢以及消化系统根据其食物的特点都会产生相应的改良。

排泄和渗透调节

它们是排氨生物，也就是说它们会排出氨。其排泄和渗透调节与以触角腺（绿腺）和小颚腺为代表的肾管有关，这些腺体和头节相连。鳃部除了具有呼吸的功能外，还能调节体内的盐分含量，能将多余的盐分排出（在海水中），也能吸收盐分（在淡水中）。肾原细胞和某些肠道细胞能够积累含氮废物和残渣。

循环和气体交换

甲壳亚门物种的心脏各不相同：有的物种心脏呈椭圆形，有的物种心脏缺失；从心脏出发的动脉形式也不统一。体形较大的动物可能具有附加的血泵。呼吸通过体壁实现，但是最常见的还是通过鳃呼吸。鳃和附肢相连，这些附肢通过击打产生水流。陆生甲壳亚门动物的腹足鳃进化成了内部的假气管。

神经系统

甲壳亚门动物神经系统的原始形态保留了环节动物的特征，其进化后的形式具有神经前部集中的特点。神经节融合及大型神经纤维促使神经冲动（和快速反应有关）的传输更快捷。它们具有化学感受器、机械感受器、平衡自身感受器等，这些感受器让动物获取自身的信息，此外，还有温度感受器和光感受器。

繁殖

甲壳亚门动物的生命周期及繁殖方式各不相同：有的雌雄异体，有的雌雄同体，有的则通过孤雌生殖。一般来说，它们具有 2 个性腺（可能是融合在一起的），2 根生殖管和 1 对生殖孔，此外，还具备经改良适用于交配的附肢。大部分甲壳亚门动物的繁殖方式为体内受精。雌雄异体的甲壳亚门动物能够用专门的附肢一直携带着卵，直到它们孵化出来。原始的幼虫是无节幼虫，这也是甲壳亚门的特点之一。无节幼虫可以自由进行发育或者在特殊的育卵囊内发育，在这种情况下，它们会在卵内度过幼体期。

生长发育

大多数甲壳亚门生物通过变态实现生长，变态分为几个区别明显的阶段。幼体和成年个体完全不同，从幼体到成年需经过多个不同阶段。在每一个阶段，动物的生长都会引发它们外保护层的脱落，旧的保护层被新的取代，这个过程被称为蜕皮。

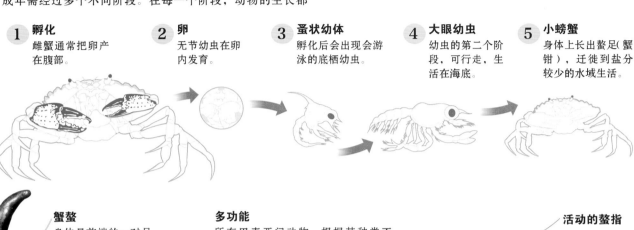

1 孵化
雌蟹通常把卵产在腹部。

2 卵
无节幼虫在卵内发育。

3 蚤状幼体
孵化后会出现会游泳的底栖幼虫。

4 大眼幼虫
幼虫的第二个阶段，可行走，生活在海底。

5 小螃蟹
身体上长出螯足(蟹钳)，迁徙到盐分较少的水域生活。

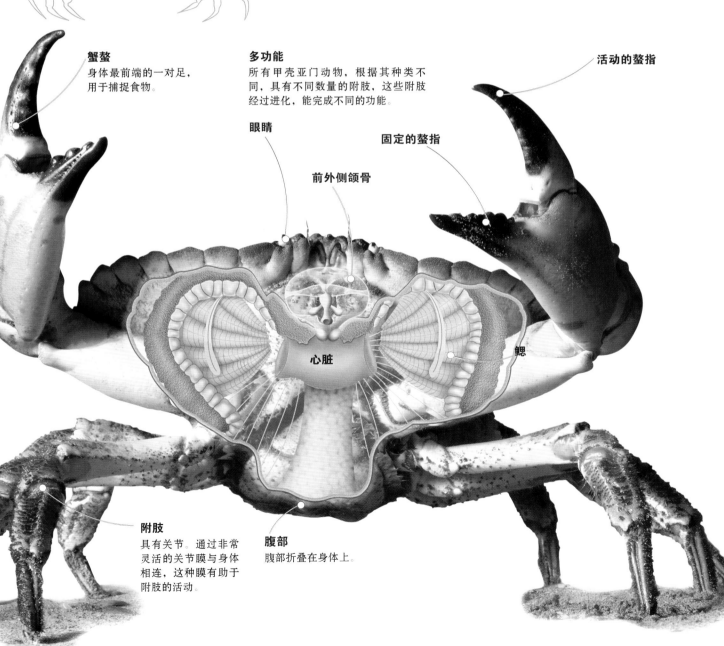

蟹螯
身体最前端的一对足，用于捕捉食物。

多功能
所有甲壳亚门动物，根据其种类不同，具有不同数量的附肢，这些附肢经过进化，能完成不同的功能。

活动的螯指

眼睛

固定的螯指

前外侧颌骨

心脏

鳃

附肢
具有关节。通过非常灵活的关节膜与身体相连，这种膜有助于附肢的活动。

腹部
腹部折叠在身体上。

螃蟹及其亲缘物种

门：	节肢动物门
纲：	软甲纲
亚纲：	3
目：	未定义
种：	约2万

对虾、龙虾、潮虫、蜘蛛蟹、虾、磷虾和其他相关动物都属于这一分类。它们大部分是水生物种，既有生活在淡水中的，也有生活在海洋中的。它们通常生活在沿海地带及较浅的开放的海洋区域。它们有2对触角，在生长过程中会经历巨大的变态过程。它们通过鳃和体表呼吸。

Odontodactylus scyllarus
雀尾螳螂虾

体长：18厘米
栖息地：海洋
分布范围：热带海洋

它们生活在自己挖掘的狭窄的洞穴中，洞穴位于水深少于50米的地方。它们是底栖动物，在海底用自己的前肢移动，它们也能游泳。其背部颜色鲜艳明亮，前部是红色的，中部绿色，尾部的扇形呈蓝色。它们的腹部厚实健壮，肌肉发达。其外壳将头部完全覆盖，是可以活动的。雀尾螳螂虾是肉食性动物，以其他甲壳类动物、软体动物和蠕虫为食。

眼睛
它们的眼睛相对于其体形来说很大，具有肉柄，很适合捕猎。

隐士
它们不喜群居，性格好斗。它们一般藏在自己的洞穴中窥视猎物。

扇形
当感觉受到威胁时，它们会展开其鲜艳的蓝尾巴，作为警示的信号。

Pandalus montagui
蒙氏长额虾

体长：12厘米
栖息地：海洋
分布范围：太平洋北部和大西洋

它们生活在30~1200米深的冰冷的海底。它们的身体后部弯曲，呈半透明状，有时身体呈现出橙色或者红色的色泽。它们游泳时很灵活，雌雄同体，雄虾生长到一定年龄会变成雌性。

Armadillidium vulgare
鼠妇

体长：1.8厘米
栖息地：陆地
分布范围：温带地区

它们生活在海边、倒下的树干底下或枯枝落叶下面，因为这些区域比较潮湿。虽然它们是一种陆生甲壳动物，但它们依赖水进行呼吸（因为它们通过鳃呼吸）和孵化卵，是昼伏夜出型生物。水分从它们可渗透的外壳流失，再通过摄入的食物得到补给。它们的视力并不发达，但它们却有很发达的接收器，用于感知外界的运动和振动。它们的身体背、腹面是扁平的，没有外壳。它们以腐烂的有机物质为食。

防御
它们身体的盾片坚硬，以关节相连，在遇到危险的时候，能将身体蜷缩成球形。

幼虫
雌性鼠妇的腹部具有育儿袋或者卵袋，用于存放虫卵。

Euphausia superba
南极磷虾

体长：5 厘米
栖息地：海洋
分布范围：南极

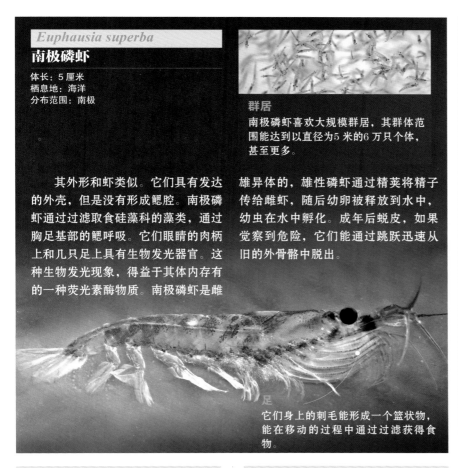

群居
南极磷虾喜欢大规模群居，其群体范围能达到以直径为 5 米的 6 万只个体，甚至更多。

其外形和虾类似。它们具有发达的外壳，但是没有形成鳃腔。南极磷虾通过过滤取食硅藻科的藻类，通过胸足基部的鳃呼吸。它们眼睛的肉柄上和几只足上具有生物发光器官。这种生物发光现象，得益于其体内存有的一种荧光素酶物质。南极磷虾是雌雄异体的，雄性磷虾通过精荚将精子传给雌虾，随后幼卵被释放到水中，幼虫在水中孵化。成年后蜕皮，如果觉察到危险，它们能通过跳跃迅速从旧的外骨骼中脱出。

足
它们身上的刺毛能形成一个篮状物，能在移动的过程中通过过滤获得食物。

Nephrops norvegicus
挪威海螯虾

体长：15~24 厘米
栖息地：海洋
分布范围：大西洋，挪威海岸到地中海

挪威海螯虾生活在 20 米深的浅海软质海底上，它们在这里挖洞穴居，其住所最深可至 80 厘米，它们在洞穴中度过其生命的大部分时光。它们的颜色介于暗淡的橙色和玫瑰红之间，习惯昼伏夜出。它们的身躯长度大于宽度，非常瘦。第二对触角最长，第一对足具有运动的功能，此外，它们有一对不规则的钳子。挪威海螯虾的眼睛很大，颜色很深，它们善于在夜晚黑暗的时段捕猎蠕虫和鱼类。其寿命接近 10 岁。

Palaemon serrifer
锯齿长臂虾

体长：7~11 厘米
栖息地：海洋
分布范围：大西洋，从丹麦到毛里塔尼亚，地中海和死海

它们生活在最深为 40 米的水域，经常居住在礁石缝隙下面。它们的身体呈透明的圆柱形（但通常有橙色线条为其增添色彩），身体覆盖着外壳。它们的第一对足已经进化，足的末端有钳子。它们的视力很发达，眼睛很大，呈规则的球形并且能感知声音。它们主要食用动物尸体、藻类及其他虾。

Panulirus femoristriga
圆点龙虾

体长：20 厘米
栖息地：海洋
分布范围：热带海洋

它们生活在沿海很浅的水域，通常不群居，而是独自生活在自己挖掘的洞穴中或者礁石下方。它们的身体颜色为橙红色，足上有白色和紫色的纵向条纹。相对于它们身体来说，它们的触角很长，没有钳子。它们的食物主要包括软体动物、鱼类、藻类和腐败物。龙虾分为雌雄两性，其受精发生在水中。

Periclimenes yucatanicus
岩虾

体长：3.5 厘米
栖息地：海洋
分布范围：热带海洋

它们生活在清澈、温暖的浅水水域，形似蜘蛛。它们的身体细长而透明，身上有颜色鲜亮的斑点，多为橙色和紫色。它们有外壳，前三对足经过进化，形似颚，因而它们的作用类似口器。它们生活在海葵的间隙中以寻求自我保护，以帮助海葵清除其触角上的寄生虫作为回报。

Birgus latro
椰子蟹

体长：40 厘米
栖息地：陆地
分布范围：热带地区

它们的身躯宽而强壮，雄性体形比雌性的大。它们的寿命通常在 30~60 岁之间。它们有 2 个巨大的螯。通过其行走用的附肢，它们可以爬到棕榈树干 6 米高的地方。它们的第四对足

体重
椰子蟹是陆生节肢动物中最重的，体重能达到 4 千克。

触角
它们具有嗅觉接收器，能判断其感知到的气味的距离。

求偶
雄蟹会和雌蟹展开战斗，直到雄蟹成功将雌蟹掀翻，背部着地，雄蟹才能进行交配。

最小，但上面也有钳子，幼年椰子蟹用这对钳子将自己依附在腹足动物的贝壳里进行自我保护，而成年椰子蟹主要用这对钳子进行攀爬和行走。第五对和最后一对腹足用来清洁呼吸腔中残留的沙子。当要蜕壳的时候，它们会隐藏起来长达几天，直到其新外皮变硬。它们主要食用椰子和无花果。

Dardanus pedunculatus
柄真寄居蟹

体长：10 厘米
栖息地：海洋
分布范围：印度洋和太平洋

柄真寄居蟹生活在潮间带地区清澈、温暖的水域，居住在珊瑚礁附近 27 米深的水域。它们的外壳呈黄色或红色，附肢为白色，上面有红色的条纹。它们的左螯比右螯大。柄真寄居蟹居住在被遗弃的蜗牛壳里，由此保护自己柔软、弯曲的腹部。随着它们的生长，体形会变大，它们便会寻找适合其新尺寸的"蜗牛壳"作为"新家"。

Gecarcoidea natalis
圣诞岛红蟹

体长：12 厘米
栖息地：陆地 、海洋
分布范围：印度洋岛屿和大西洋的海岸

圣诞岛红蟹生活在阴凉的地方，常常半埋在泥沙中。它们通过鳃呼吸，因而它们需要借助水实现气体交换。它们的身躯健壮，颜色为浓烈的红色。有巨大的螯，雌蟹的螯较小。它们以树叶和花朵为食，但也能食用动物，甚至会吃它们的同类。在旱季，它们并不活跃，但在最初的几场雨水过后，它们会进行交配。雄蟹将精子放置在雌性红蟹的腹部，从而进行受精。

Macrocheira kaempferi
甘氏巨螯蟹

体长：1~3 米
栖息地：海洋
分布范围：日本

甘氏巨螯蟹生活在约 300 米深的海底，它们的身体呈浅橙色，宽约 40 厘米，但是它们的足长能达到 1.5 米。它们体重能达到 20 千克，寿命可达 100 年。它们主要食用死去的有机物，还会用螯捕猎蛤蜊，用其强壮的颌骨敲碎蛤蜊壳食用。它们的视力并不发达，相应地其听觉是以捕捉到非常低强度的振动。它们的伪装策略是将海底的杂质覆盖到自己的外壳上，这样就不容易被别的生物注意到。

Uca pugnax
大西洋泥招潮蟹

体长：2~5 厘米
栖息地：海洋
分布范围：太平洋、大西洋、印度洋

大西洋泥招潮蟹的身体是灰黑色的，螯的颜色略浅。它们挖的洞穴最深能达到 30 厘米，当感到有危险时，会快速躲进洞穴。它们通常群居，聚集在红树林滩涂、海滨沼泽或者沙滩上。

蜕皮时，它们会一直隐藏，直到新的外壳变硬。雄蟹比雌蟹体形大，螯也比雌蟹的大，在求偶时，螯被用于对抗其他的大西洋泥招潮蟹。雌蟹将卵携带在腹部下方，以便之后将它们释放到水中。

水蚤

门：节肢动物门
纲：鳃足纲
亚纲：2
目：3
种：900

水蚤的生命很短暂，体形很小，它们绝大部分是淡水生动物。其生命周期只能持续数周，这是由于它们一般生活在临时存在的水体。它们产下的卵可存活很长时间，在干旱的环境里可以存活数年。水蚤的身体被两片壳瓣保护着，这两片壳瓣没有关节相连，使头部能自由活动。在某些物种中，这两片壳瓣可用作卵的孵化器。

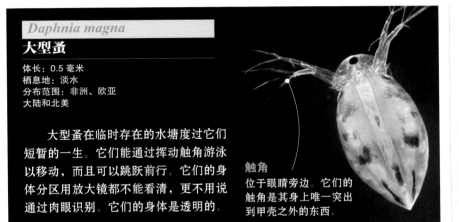

Daphnia magna
大型蚤

体长：0.5 毫米
栖息地：淡水
分布范围：非洲、欧亚
大陆和北美

大型蚤在临时存在的水塘度过它们短暂的一生。它们能通过挥动触角游泳以移动，而且可以跳跃前行。它们的身体分区用放大镜都不能看清，更不用说通过肉眼识别。它们的身体是透明的。

触角
位于眼睛旁边。它们的触角是其身上唯一突出到甲壳之外的东西。

Artemia salina
卤虫藻

体长：1 厘米
栖息地：盐碱地
分布范围：世界各地

它们存在于世界各地的盐田、临时存在的水塘、含盐度高的湖泊等。它们的身体细长，呈米色或粉色，没有外壳。它们能通过腹部朝上游动，同时拍打胸部的附肢。它们雌雄异体，生殖方式为胎生，但如果外界条件不利于繁殖，它们会产下寿命很长的卵，这种卵能存活 10 年。

门：节肢动物门
纲：颚足纲
亚纲：6
目：22
种：2.6 万

桡足亚纲动物及其他

这是一个生物物种异常多样的群体，环境适应性很强。桡足亚纲动物体形很小。它们中有肉食性物种、滤食性物种、寄生在鱼类和蟹类上的物种等。它们中的许多动物的种体内都有少量脂质，用以在水中漂浮。

Lepas anatifera
茗荷

体长：数据缺乏
栖息地：海洋
分布范围：世界各地

成年的茗荷通过一个肉柄依附在海洋中的漂浮物上。它们全身被钙质盾片覆盖，这使它们可以通过这坚硬的外骨骼来自我保护。它们的附肢上有刺毛，附肢按照蔓足的模式运动，就会产生流向身体内部的水流。它们是雌雄同体的。

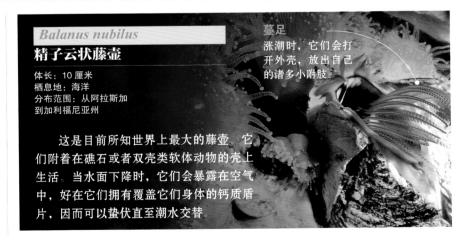

Balanus nubilus
精子云状藤壶

体长：10 厘米
栖息地：海洋
分布范围：从阿拉斯加
到加利福尼亚州

这是目前所知世界上最大的藤壶。它们附着在礁石或者双壳类软体动物的壳上生活。当水面下降时，它们会暴露在空气中，好在它们拥有覆盖它们身体的钙质盾片，因而可以蛰伏直至潮水交替。

蔓足
涨潮时，它们会打开外壳，放出自己的诸多小附肢

蜈蚣和千足虫

这一分类的成员包括一些生活在热带或温带潮湿地区的陆生节肢动物。它们分为四类：唇足纲，也就是我们知道的蜈蚣；倍足纲，即所谓的千足虫；以及其他两个纲别——综合纲和少足纲，属于这两个纲的动物身长不超过8毫米。它们的身体多由头部和细长的身躯组成，身躯具有多个重复的体节和大量的足。

| 门：节肢动物门 |
| 亚门：多足亚门 |
| 纲：4 |
| 目：22 |
| 种：约1.3万 |

巨型蜈蚣
麦加拉带状蜈蚣（*Scolopendra cingulata*）的体长可达20厘米，有21~23对足。

形态特征

这一类节肢动物一般体形较小，但是也有个别的蜈蚣或者千足虫的体长能达到30厘米以上。在它们的头部有1对触角，起感官的作用；它们还拥有单眼以分辨光线的强弱；它们身体下方具有强大的颌骨，以及与之配合的附肢，从而为处理食物提供了便利。身体的其余部分由一系列重复的体节构成，每一个体节对应1~2对附肢（蜈蚣每个体节有1对附肢，千足虫则有2对）；有由身体侧面或背部开口的气管构成的呼吸系统，以及由背甲和胸甲构成的外骨骼，这既是它们的骨架，又能帮助它们防止身体脱水。

毒素的解剖学研究

蜈蚣用毒素来捕食自己的猎物。这种毒素是由它们头部附近的腺体分泌的，并通过颚或卡钳注入猎物体内。

肌肉和神经
其肌肉和神经构成一种系统，能挤压颚部，通过内部操作将毒素喷出。

毒腺
毒腺位于蜈蚣的头部，呈囊状，能分泌并储存毒液，直到毒液被喷出。

触角
它们只有1对触角，触角上有分节。极少数情况下触角长于体长。

有关节的附肢
每一个体节都有1对生在两侧的长长的附肢；最后一对附肢很宽，朝向后方。

颚足
颚足是蜈蚣的第一对足，具有巨大的有毒的卡钳。颚位于头部下方，相当于口器。

生态

蜈蚣及千足虫在潮湿的环境中更为多见，因为它们的上表皮是可渗透的，只有少数物种能够在半干旱地区生存。它们对于土壤的动态平衡至关重要，能使土壤中的有机物接触空气，从而促进其分解，这有助于营养物质的迁移和吸收。综合纲与灌木落叶形成的腐殖土有关，它们以菌类和腐殖质为食。这些动物大部分都是食残屑的，只有蜈蚣例外，蜈蚣会捕食其他无脊椎动物。有的蜈蚣，比如秘鲁巨人蜈蚣（*Scolopendra gigantea*），甚至能攻击、食用小型脊索动物。

感觉器官

它们适应在黑暗中生活，有单眼，能够辨别光线。它们有避光性，需要避免脱水、躲避天敌。有些物种不具备视力，或者在头部、触角上有眼点，只有少数唇足纲动物具有复眼。它们的触觉、嗅觉和化学感应器官都很发达。

繁殖

一般来说，其受精方式是体内受精：雄性产下精囊并通过各种方式转移给雌性。雄性通常会织出小网，将精囊置于其中交给雌性。雌性会保管精子，并在环境条件适宜的时候，给卵子受精。

Lithobius forficatus
欧洲蜈蚣

体长：14~32 厘米
栖息地：陆地
分布范围：世界各地

它们生活在泥土的最上层，特别是石块和腐烂的树干下方。其体色为红棕色，身体背腹面扁平，头部触角后方有多个眼点连成水平的一条线。它们的身躯由 1 个带有颚足的体节和 15 个带有一对足并带附肢的体节构成。最末一对足比其他足都长，在行走时会保持微微抬起的状态。它们是肉食性动物，以其他节肢动物为食，它们在夜间比较活跃，捕猎活动也是在夜间进行的。它们的毒素的毒性对人类危害并不大，但人被蜇伤后会感到非常疼。

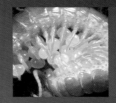

繁殖
雌蜈蚣将受精卵产下并包裹在保护层中。

触角
具有触觉功能，触须具有30~50 个节。

后足
最后一对足比前面的足长很多。

颚足
颚足很长，能伸至头部的前端。

Scutigera coleoptrata
蚰蜒

体长：3~5 厘米
栖息地：陆地
分布范围：欧洲。
被引入世界各地

蚰蜒的颜色为黄灰色，身上有 3 条纵向的深色线条，成年蚰蜒的身躯由 15 个体节构成，每个体节都有 1 对长而纤细的足和 1 个背部的呼吸孔。最后一个体节有一对很长的足，具有感官的作用。它们是善于埋伏窥探的捕猎者，以其他节肢动物为食，包括昆虫和蛛形纲生物。幼年蚰蜒和成年蚰蜒很相似，但是只有 4 对足，随着蜕皮，体节数会逐渐增加。蚰蜒的卵会产在地面上，并用植被盖住。

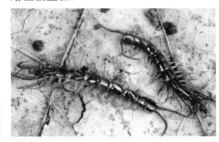

Zoosphaerium sp.
球马陆属

体长：1.5~10 厘米
栖息地：陆地
分布范围：马达加斯加

倍足纲中的一个群体，体形较大，它们的身体特别适合卷曲，能将自己折叠成一个小球，从而保护相对脆弱的附肢和腹部。它们的背甲一直延伸到覆盖住所有的足，蜷缩时只露出背孔和外骨骼。此外，卷曲的体态方便其滚动，可以快速逃离危险。球马陆的种类超过 55 种。雄性和雌性球马陆都具有发声器官，用于呼叫异性。

Glomeris marginata
球马陆

体长：2 厘米
栖息地：陆地
分布范围：欧洲

它们生活在草皮、枯枝落叶中，并以这些物质为食。它们外表呈深棕色或黑色，后部边缘呈浅棕色或灰色。它们的身体由 12 个体节构成，横截面呈穹顶形。它们类似于潮虫（甲壳亚门），但比潮虫多很多对足，它们的第一节体节最大，最后一节体节比前面的体节都粗壮，这样的结构方便蜷起时把头部覆盖住。它们的腺体能分泌一种化学成分，其气味和味道都令人不悦。它们能够忍受较低的湿度。雄性球马陆能产生信息素，并具有发声器官，并以此吸引雌性。幼虫在孵化之前会经历一次蜕皮。

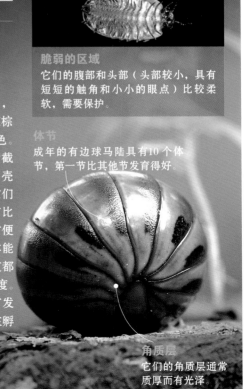

脆弱的区域
它们的腹部和头部（头部较小，具有短短的触角和小小的眼点）比较柔软，需要保护。

体节
成年的有边球马陆具有10 个体节，第一节比其他节发育得好。

角质层
它们的角质层通常质厚而有光泽。

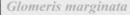

昆虫

一般特征

　　六足节肢动物具有6个运动附肢（步足），身体分为3个体区。其身体被防水的外骨骼覆盖，通过与气管系统连通的气孔进行呼吸。昆虫是动物世界中个体数量最多的群体，其数量占我们已知物种的65%。地球上所有类型的栖息地都有它们的存在，只有海洋中昆虫种类较少。

| 门：节肢动物门 |
| 亚门：六足亚门 |
| 亚纲：304 |
| 科：约1000 |
| 种：约100万 |

蟑螂
所有六足节肢动物，如苏里南蟑螂（*Pycnoscelus surinamensis*），都具有3对足，它们的身体分为头部、胸部和腹部。

外部构造

　　昆虫的身体分为3个区域：头部、胸部和腹部。头部长有1对触角、1对复眼、单眼或眼点以及根据饮食而改变的口器。其胸部分为3个体节，每一节都有1对足。足的形态及功能根据需要各有不同：行走、挖掘、捕猎或者花粉采集。昆虫可能具有1~2对翅膀，翅膀是由延伸的薄片状的角质层构成的，翅膀的脉络具有加厚的角质，其内侧具有神经线、气管和血淋巴。不同昆虫的翅膀的形态及功能各不相同。有些物种的翅膀是膜状的。有的物种，比如甲虫，它们的一个翅膀会硬化，对腹部起到保护作用（这种叫作鞘翅）。蝗虫等物种的翅膀是半硬化的，而蝴蝶的翅膀是覆盖着鳞片的。对它们来说，其中一对翅膀也是可以复位、作为平衡棒使用的，这种特征跟双翅目昆虫（苍蝇等）相同。它们的腹部具有后生殖孔，没有步足，

但可能具有生殖的结构。六足亚门下的目类分类标准主要以翅膀的结构、口部、足部和变态过程为依据。

消化和排泄

　　昆虫的消化系统由多个部分组成。前肠具有唾液腺、上颌窦腺、用来储存食物的嗉囊以及磨碎食物的结构。中肠能分泌消化酶，通过"盲管"吸收食物中的营养物质。后肠则由直肠腺负责食物中水分和离子的重复吸收，后肠和马氏管（专门的排泄结构）连通。

呼吸和循环

　　昆虫的心脏具有心孔，一根背侧气管自胸腔向前延伸至前端主动脉，主动脉将血淋巴输送到头部，之后通过圆孔从体腔（血腔）返回。能飞行的昆虫除此之外还拥有胸部的搏动器官（负责把血液输送到翅膀中），这种器官也见于较长的附肢

适用于不同用途的足

　　节肢动物的足的形态和足的用途与其栖息地密切相关。有的昆虫足部具有触觉和味觉的感官。

| **步足** | **跳跃足** | **游泳足** | **挖掘足** | **采集足** |
| 蟑螂 | 蚱蜢 | 龙虱 | 蝼蛄 | 蜜蜂 |

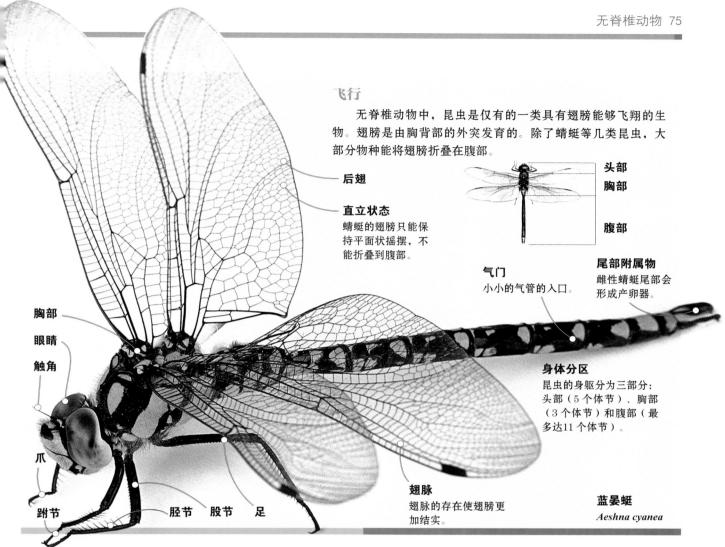

飞行

无脊椎动物中，昆虫是仅有的一类具有翅膀能够飞翔的生物。翅膀是由胸背部的外突发育的。除了蜻蜓等几类昆虫，大部分物种能将翅膀折叠在腹部。

后翅

直立状态
蜻蜓的翅膀只能保持平面状摇摆，不能折叠到腹部。

头部
胸部
腹部

气门
小小的气管的入口。

尾部附属物
雌性蜻蜓尾部会形成产卵器。

胸部
眼睛
触角

身体分区
昆虫的身躯分为三部分：头部（5个体节）、胸部（3个体节）和腹部（最多达11个体节）。

爪

跗节　**胫节**　**股节**　**足**

翅脉
翅脉的存在使翅膀更加结实。

蓝晏蜓
Aeshna cyanea

中。呼吸系统中包含通过开口从外界直接接收氧气的气管，这种开口叫作气门。气门可能具有气门腔、毛发或者小刺，这些结构能防止异物和寄生虫进入。气门后方，气管分成精密的、内部具有液体的分支（微气管），它们直接与细胞相通。小型昆虫可以通过体壁进行呼吸。水生昆虫的幼虫或若虫，其气孔会向外延伸成管状，或者具有气管鳃。

神经系统

昆虫的神经系统包括腹神经索和大脑。它们的大脑分为三部分：前脑、中脑和后脑。前脑支配视觉中枢；中脑控制触角；后脑控制大部分味觉和嗅觉接收中枢。昆虫具有一个脑下神经节以及与胸腺协同工作的腺体，它们控制昆虫的生长和变态。昆虫可能具有单眼和复眼（眼点）及多种感官结构（感觉毛等），这些感官结构被分组从而形成不同的器

官：机械感受器、声音感受器和化学感受器。此外，它们也可能具有发声器官（蝉、直翅目昆虫）。

繁殖与发育

大多数昆虫是雌雄异体的，其繁殖通过体内受精的有性生殖或无性生殖进行。昆虫的发育方式分为两种：具有半变态特性的昆虫的发育是渐进式的，幼虫和成虫之间没有显著的区别；而全变态类的昆虫在生长过程中会发生完全变态，经过卵、幼虫和蛹3个阶段后才会成为成虫。

昆虫的重要性

昆虫为人类做出了很多贡献，它们能生产蜂蜜、动物蜡、蚕丝和染料。昆虫还被应用于法医医学以及农业病虫害的生物控制技术。食腐的昆虫也大有用途，食腐昆虫指的是以死去的植物、动物尸体及排泄物为食的昆虫。它们中的有些

种类能帮助改善土壤结构、增加土壤中的有机物含量，另有一些昆虫能够参与授粉。有些昆虫以田地中的杂草为食。此外，昆虫还可以直接被人类食用。昆虫的危害主要是由食用植物的昆虫、寄生虫（幼虫或成虫）、"害虫"及导致疾病传染的昆虫造成的。

孤雌生殖

蚜虫（蚜科）的繁殖很简单，雌性蚜虫会持续性地繁殖出雌性后代，从来不存在有性繁殖。

肿管双尾蚜
Cavariella aegopodii

感觉器官

昆虫通过自身的感觉接收器获取周围环境的信息。然而，昆虫的感觉接收器和人类的非常不同，所以昆虫对世界的感知也很不同，让人很难想象。有的昆虫能看到人眼不能识别的波长，有的则是通过化学信号来感知周边环境的。

复眼

昆虫的眼睛叫作复眼，因为它们的眼睛是由数千个单元组成的，每个单元的功能都和一只独立的眼睛相同。每一个单元就是一只小眼，它们能捕捉到视野中极小的一个区域。完整的视野是由数以千计的不同小眼的"点"汇集构成的。小眼的数量决定了视力的敏锐程度。因此，那些活跃的捕食者，例如蜻蜓，其小眼数量通常非常多。

1 万

1 万只小眼才能构成蜻蜓的一只复眼。

感觉毛

感觉毛是触觉感受器。昆虫拥有大量的感觉毛，它们分布在全身各处。

触角

触角的末端有一根羽状刚毛，苍蝇通过这个触角芒探测空气轻柔的运动，甚至包括某些声音导致的空气流动。

对黑暗环境的适应

a、b、c 三点代表入射的光束。色素细胞会根据可用光的量，决定每一个光束能进入一只还是多只小眼。

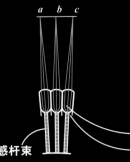

白天的视线

眼睛的色素细胞沿小眼分布。色素细胞的作用相当于屏幕，能够阻止光线进入相邻的小眼。这样它们就能限制光线进入感杆束。

晶锥细胞
色素细胞

感杆束

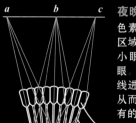

夜晚的视线

色素细胞会集中在一个区域，使光线能从一只小眼进入到另一只小眼。这有利于更多的光线进入每一个感杆束，从而能够更好地利用仅有的光线。

晶锥细胞
色素细胞

感杆束

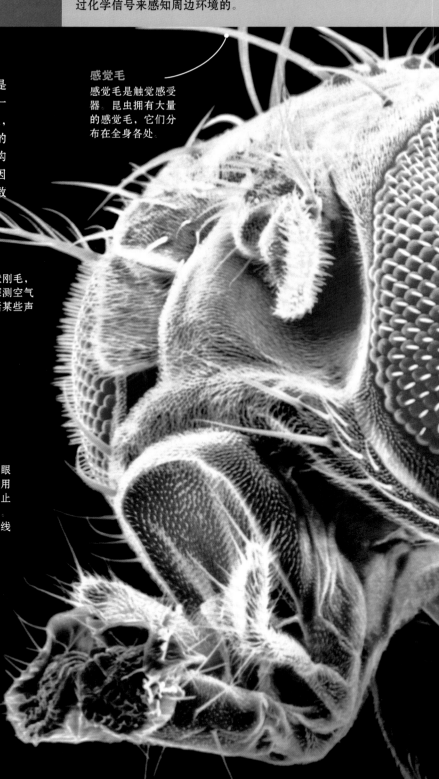

隐藏的标记

人类肉眼看不见紫外线，但对蜜蜂来说，紫外线为它们标示出了哪些花朵有花蜜。

视野

苍蝇能探测到它们周围环境中最细微的动态，甚至包括它们身后的动态。

感觉接收器

感觉接收器多分布于头部和足部，但也可能分布在全身各处。昆虫通过这些接收器感知气味、口味、声音、压力以及气温等。

复眼

复眼不善于观察远距离的物体，但是大部分昆虫会感兴趣的物体都分布于其周围20厘米以内。

360 度

那些眼睛大的昆虫，其视野范围能达到360度。

感杆束

感杆束是半透明的，它们由小网膜细胞的微绒毛构成。

鼓膜

鼓膜由一个空气腔室和一个薄膜构成，薄膜会随着声波振动。对飞蛾来说，接收声波对于防范它们的天敌（蝙蝠）是必不可少的，它们可以接收到蝙蝠的尖叫声。

触觉

感受器是所有昆虫都具有的结构，它们由一层角质组成，与一个或多个感觉细胞相关联。它们能接收不同的刺激。大部分昆虫的触觉感受器都以感觉毛的形态存在。

化学感受器

许多感受器擅长捕捉和识别特定的分子。从这种意义上说，这些感受器作为嗅觉存在。蚂蚁的化学感受器非常发达，因为它们是通过化学信号来感知世界的。

晶状体

晶状体能够聚集光线并将光线导向感杆束。晶状体是透明的。

小网膜细胞

小网膜细胞是感光的，其周围被色素细胞包围

色素细胞

色素细胞能够移动，从而调整接收光线的数量。

角膜

角膜从外部覆盖着晶状体，并且是外骨骼的一部分。

饮食

昆虫极其丰富的物种多样性一定程度上得益于其适应能力，它们已经适应了所有你能想到的食物。昆虫的食物包括硬质的木头、腐烂的物体以及其他动物的排泄物。它们的口器已经从最基础、最原始的形态得到演变，其结构根据其摄食方式得到了改良。

多样而高效

细齿、钳子、针、喙、吮吸管和吮吸泵……这些都是我们可能在昆虫小巧但强大的口器中发现的结构。昆虫口器的基本形态是咀嚼式口器，这种口器所有的部件都还存在，形态原始。最专门化的口器，比如蝴蝶的口器，可能只具有原始口器的几个部件，且经过了高度改良。

24 小时

蝗虫吃掉与它们体重相等的食物所消耗的时间。

触角

眼睛

须肢
须肢是上颌骨的外部延伸，其节与节之间以关节相连。

上唇
这是头部的延伸，上唇构成口腔的前部。

咀嚼器官

口器为咀嚼式的昆虫分为草食性（如蝗虫）的和肉食性（如甲虫）的。它们的颚很强壮，大多带有小型细齿。颚像钳子一样工作以便把食物弄碎。上颌的须肢和唇部的须肢能帮助固定食物。

4 厘米

具角鱼蛉的颚长4厘米，这差不多是它们身体长度的一半。

蝗虫
蝗科。以叶子为食，食量巨大。

颚
颚的尺寸和力量与昆虫摄取的食物种类有关。

下颚须

上颌骨
上颌骨构成了口腔的侧壁。

唇
唇构成了口腔的底部。

下唇须
下唇须的功能和下颚须相同。有些昆虫只具备这两种须肢中的一种。

上唇

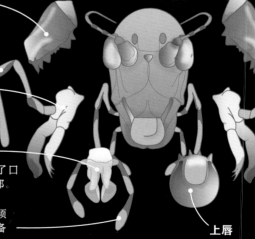

牛虻
它们用锋利的颚割开皮肤，用一个吮吸器吸血。

雄蚊子
公蚊子不同于食血的雌蚊子，它们以蔬菜汁为食。

适应性的优点

许多昆虫幼虫的食物和其成虫的食物大不相同。例如蜻蜓，它们的幼虫在水中生活、在水中取食，而成年蜻蜓在空中捕食。这种区别的好处在于，能够避免同一物种的幼虫和成虫之间食物竞争。

毛虫
蝴蝶的幼虫具有咀嚼式口器，以树叶为食。相反，蝴蝶成虫具有虹吸式口器，它们用喙吮吸花蜜，并以此为食。

策略

有的昆虫食谱中的食物很多样，也有的昆虫只摄取单一的食物。后者的口器高度特化，其结构非常适合食用这种单一食物。

喙
喙是一根精巧且细长的管状物，能伸到花朵内吮吸花蜜。喙由两块融合在一起并拉长的上颌骨构成，当昆虫不进食的时候，喙保持卷曲的状态。

工蜂
工蜂的上颌骨和下唇须构成一根管和用于舔食蜂蜜的舌头。为了吃到花粉，蜜蜂会用颚清洁蜂巢，它们的颚形似勺子。

吮吸式口器

拥有吮吸式口器的昆虫以液体为食。蝴蝶的口器是虹吸式的，呈长管状，用于吸食花蜜。蚊子和部分半翅目昆虫的口器是刺吸式的，除了管状结构，还具有锋利的端口，可用于刺破组织。

30 厘米
非洲长喙天蛾（*Xanthopan morganii praedicta*）的喙可长达30厘米。

虹吸式口器
蝴蝶

上颌骨　下唇须

刺吸式口器
半翅目昆虫

触角　颚　上颌骨　嘴唇

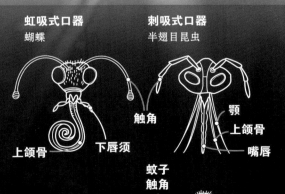

蚊子
触角

上唇　颚　唇瓣　上颌骨

舔吸式口器

许多苍蝇的唇向外扩展，这种唇瓣是由细小的管道构成的，它们像海绵一样，将液体吸入嘴巴。有的苍蝇能分泌唾液，便于在进食前软化食物。

苍蝇

触角　下颚须　嘴　唇瓣

3 倍
螫蝇（*Stomoxys calcitrans*）能吸食3倍于自身重量的食物。

蜻蜓、蟋蟀及其他

门: 节肢动物门	
纲: 昆虫纲	
目: 蜻蜓目和直翅目	
科: 58	
种: 约3.08万	

蜻蜓是一种捕猎者,它们腹部细长呈圆柱形,头部比身躯略宽,头上有2只巨大的复眼。蜻蜓有4对狭长的膜翅,非常善于飞行。直翅目昆虫具有咀嚼式口器,其成长过程为不完全变态。直翅目的许多物种第三对足非常发达,适用于跳跃。

Libellula saturata

火焰蜻蜓

体长: 52~61毫米
栖息地: 陆地
分布范围: 北美洲

雄性火焰蜻蜓呈明亮的橙色,靠近身躯的半边翅膀的颜色为黄褐色。它们的胸部呈红褐色,没有条纹。雌性的颜色比较平淡。火焰蜻蜓居住在天然的或人工的小型水体中,有时候也会靠近温泉的源头。成年火焰蜻蜓在空中捕食小型昆虫(蚊子、苍蝇、会飞的蚂蚁和白蚁)。火焰蜻蜓的若虫叫作稚虫,它们躲在停滞的水体底部窥探猎物,它们食用非常多样的水生昆虫,比如蚊子幼虫、水生蝇蛆、淡水虾、小鱼和蝌蚪等。雌雄蜻蜓交配(在5~9月之间)之后就会分开。雄性蜻蜓会守护领地,同时雌性蜻蜓将卵产在水里。成熟后,幼虫会离开水体,攀到植物上,变为成虫。

辨别
蜻蜓的翅膀总是保持水平,这个特点可以用于区分蜻蜓和蟌。

翅膀
蜻蜓的翅脉很明显,色彩感强。

Lestes sponsa

桨尾丝蟌

体长: 38毫米
栖息地: 陆地
分布范围: 欧洲和亚洲

桨尾丝蟌呈现金属绿色。雄性随着生长,其部分体节和眼睛会变成蓝色。静止的时候,它们的翅膀展开,同身躯呈45度夹角。它们生活的水域通常有灯芯草等植被。雌性桨尾丝蟌会刺穿水生植物的组织,然后产下卵。

Acheta domestica

家蟋蟀

体长: 16~21毫米
栖息地: 陆地
分布范围: 源自亚洲,现存于世界各地

家蟋蟀呈棕黄色,其翅膀覆盖着腹部并向后投射。它们能发出一种日常的叫声(尖声鸣叫)和另一种比较复杂的求偶的叫声。其若虫和成虫全年都能见到。蟋蟀不冬眠,为了度过严冬,它们通常会到民居附近躲避。幼年蟋蟀和成年蟋蟀很相似,但是幼年蟋蟀没有翅膀,体形较小。

Chorthippus brunneus

褐色雏蝗

体长: 14~25毫米
栖息地: 陆地
分布范围: 欧洲和亚洲

褐色雏蝗是一种飞行昆虫,生活在开阔、土壤干旱的环境中。其颜色多为黄褐色和黑色,这种保护色使它们与所处环境融为一体。它们在许多种环境条件中都能保持接近最佳的体温。雄性华北雏蝗能发出多种鸣叫声,以吸引和刺激雌性雏蝗。

螳螂、白蚁及其他

| 门：节肢动物门 |
| 纲：昆虫纲 |
| 目：3 |
| 科：约20 |
| 种：约7600 |

等翅目的昆虫（白蚁）具有社会性行为，它们生活在复杂的群居社区，成员具有任务分工。竹节虫目的成员（竹节虫）可能有翅，也可能无翅，其身躯形似树叶或树枝。螳螂目的昆虫（螳螂及相似的昆虫）是肉食性动物，它们埋伏以待，用前肢猎取食物。

Mantis religiosa
薄翅螳螂

体长：90~120 毫米
栖息地：陆地
分布范围：欧洲，被引入北美

薄翅螳螂生活在开阔的、阳光充足的地带，比如山坡和林中空地。它们的身体细长，呈绿色、棕色或淡黄色。它们的前胸背板和"脖子"很长。它们的前肢呈钳状，用于捕猎；后面的足用于行走。它们的头部非常灵活，有 2 只复眼非常发达。此外，它们还具有 3 只单眼。螳螂通常在夏季交配，雌性螳螂会吞食掉雄性螳螂身体的一部分，这是使卵受精的必要过程。

前肢
前肢上带有坚硬的锯齿，可以用来抓住并固定猎物。

策略
捕食时，螳螂会并拢前肢，等候猎物到来。

Reticulitermes flavipes
散白蚁

体长：4~5 毫米
栖息地：陆地
地点：世界各地

散白蚁是一种社会性昆虫，它们群居的社区由少数几只成年散白蚁（蚁王和蚁后）和占绝大多数的雄性和雌性未成年散白蚁构成。散白蚁集穴位于地下，位置不固定，通常位于食物附近或腐烂的木材中。散白蚁的群体中分为各种阶层，每个阶层由身体构造各不相同的个体构成，以完成群落中不同的分工。工蚁和兵蚁是未成年散白蚁，分雌雄性，兵蚁负责防御，其特点是头部较大，具有长而坚硬的颚（口器）。负责繁殖和建立新巢穴的是成年散白蚁，颜色较深。散白蚁对于自然环境至关重要，因为它们能参与纤维质成分的分解，促进其回归土壤。

食物
根茎、树干、枝叶、树皮等都是散白蚁的食物

Diapheromera femorata
普通竹节虫

体长：55~101 毫米
栖息地：陆地
分布范围：北美洲

普通竹节虫身体细长，有光泽，具有长长的触角。它们生活在阔叶林中。成虫以栎树（麻栎属）叶为食，幼虫则以栎树下的植被和林中灌木为食。普通竹节虫在秋天将卵产在地面上，这些卵会在春天孵化。

甲虫

门:	节肢动物
纲:	昆虫纲
目:	鞘翅目
亚目:	4
种:	约35万

这是昆虫纲中物种最丰富的一个目类。鞘翅的意思是"具有护套或罩子的翅膀",指的是转化为鞘翅(外壳坚硬、防水)的前翅,鞘翅覆盖并保护着甲虫的腹部和膜翅。它们的身体是硬化的,性器官位于身体内部。它们具有咀嚼式口器、发达的颚,以及两只复眼。

Mormolyce phyllodes
小提琴步甲

体长: 76 毫米
栖息地: 陆地
分布范围: 东南亚

身体形态
它们的身体下陷,这种身体形态是为了方便在植被下方寻找食物。

小提琴步甲的身体非常扁平,颜色为棕色或黑色。它们的头部很长,两只眼睛很突出,具有强壮的颚,颚呈弓形,中间带有牙齿。它们具有线状的长触角,触角包含 12 个关节,其中第一个关节比其他关节粗壮。上颌须很细长,嘴唇近似圆形。它们的鞘翅很大,接近膜状,向后延长至超过身体的长度,并向两侧延伸出很宽,鞘翅背面的身体是裸露的。小提琴步甲的足又细又长。

这种生物主要生活在潮湿的树林中,它们与老树干关系密切。它们能用具有腐蚀性的分泌物进行自卫。

产卵后,幼虫孵出并以幼虫状态生活 8~9 个月;发生变态后,它们以蛹的状态生活 8~10 周;它们的幼虫状态和蛹的状态是热带昆虫中持续时间较长的。

Euchroma gigantea
帝王吉丁虫

体长: 55 毫米
栖息地: 陆地
分布范围: 墨西哥、中美洲和南美洲

帝王吉丁虫的身体高度硬化,头部回缩在前胸部中,只有眼睛露在外面;前额扁平,额面与地面垂直,触角呈锯齿状。它们体形较大,呈现有光泽的金属色,是收藏家眼中的热门收藏品。帝王吉丁虫对经济能产生重要影响:它们会钻透植物的木质部(植物的组织),严重妨碍果树的生长。雌性帝王吉丁虫在 12 月到次年 3 月间将卵产在树皮的裂缝中。一只雌性帝王吉丁虫至多能在 10 棵树上产卵,平均每棵树产 4 个卵团。在大约 19 天后,幼虫从卵中孵化出来。幼虫穴居,它们能到达植物的根系处。

Coccinella septempunctata
七星瓢虫

体长: 7~8 毫米
栖息地: 陆地
分布范围: 欧亚大陆和非洲。被引进到北美地区

七星瓢虫的身体是卵圆形的,截面呈穹顶状。它们的鞘翅是红色或橙色的,上面有 7 个黑点,这种特征赋予了它们"七星瓢虫"的名字。它们将卵产在植物的叶子上,卵的直径约为 1 毫米。卵长至成熟需要 2~3 周。孵化出的幼虫颜色较暗,身上带有些许浅色的斑点,具有 3 对突出的足。根据可获得的食物数量,幼虫在 10~30 天的时间里,体长会增加 1~4.7 毫米,它们为了寻找猎物(蚜虫),每天能移动 10 米以上的距离。之后它们会进入蛹期,这一阶段会持续 3~12 天。在不同的气候条件和可获取的食物数量下,成年七星瓢虫能生活数周乃至数月。它们捕食多种蚜虫和同翅亚目昆虫,在任何有蚜虫等出没的植物上都能发现七星瓢虫的踪迹。尽管如此,七星瓢虫还是比较偏爱蔬菜上的蚜虫。它们也会食用自己的卵。

Dynastes hercules
长戟大兜虫

体长：40~170 毫米
栖息地：陆地
分布范围：中美洲和南美洲

　　头部两侧扁平，前胸背板向前延伸，形成一个略拱的长胸角，其长度超过头角。腹部和足部乌黑发亮，鞘翅呈黄绿色或灰绿色，上面有分散的不规则的黑点。雌性甲虫体形较小，身体颜色为深咖色，身上有一块红色的区域，没有头角和胸角。它们生活在热带次生森林或山地森林中。

Trachelophorus giraffa
长颈鹿象鼻虫

体长：12~25 毫米
栖息地：陆地
地点：马达加斯加

　　雄性长颈鹿象鼻虫的"长脖子"垂直向上抬起，脖子前段弯曲成直角，水平向前延伸。最前端是小巧的头部和多毛的触角。它们的身体颜色为黑色，鞘翅颜色为红色。它们生活在森林里，是草食性动物。产卵时，雌性象鼻虫等待雄虫用"脖子"将树叶卷成袋子状，然后将卵产在这个袋中；幼虫孵化出来后，就以这个树叶袋子为食。

Pyrochroa coccinea
赤翅萤

体长：14~18 毫米
栖息地：陆地
分布范围：欧洲

　　赤翅萤因其身体鲜红明亮的颜色而得名，其胸部和鞘翅尤为鲜艳。这种色调能够警告其潜在的天敌它们有毒。它们的头部、触角和足部是黑色的。其幼虫身体扁平，这是一种对环境的适应，方便其生活在松散的树皮下面或腐烂的木头中。幼虫呈黄棕色，是肉食性动物。成虫居住在森林地带，在绿色的叶片上时非常明显，它们习惯生活在花朵上。

Luciola cruciata
源氏萤火虫

体长：15 毫米
栖息地：陆地
分布范围：日本

　　雌性源氏萤火虫有翅膀，这和其他多数种类的雌性萤火虫不同。雌虫能够产生生物光，这是一种由酶反应引起的现象。雄虫同步地发出闪烁光。在求偶结束后，雄虫和雌虫聚集到一起，雌虫将卵产到水里，之后虫卵会发育成幼虫。源氏萤火虫是肉食性掠食动物，它们被用于对放逸短沟蜷（*Semisulcospira libertina*）等蜗牛的生物控制。

Staphylinus olens
排臭隐翅虫

体长：22~33 毫米
栖息地：陆地
分布范围：欧洲和非洲，
被引入北美地区

　　排臭隐翅虫的身体呈黑色，布满小点。触角嵌在两只眼睛之间。排臭隐翅虫的跗节膨大，雄性这一特征更突出。鞘翅很小，将柔软的、粗胖的腹部暴露在外面，这种结构使它们能抬起头部，表现出一种攻击、防御皆可的姿态。它们拥有一个用于自我保护的臭腺，是夜间活动的捕猎者，通常被发现于树干底部或垃圾堆中。它们的幼虫和成虫很相似，但是毛发更多，其幼虫也以节肢动物为食。

Goliathus goliathus
大角金龟

体长：50~110 毫米
栖息地：陆地
分布范围：非洲

　　大角金龟的背部盾片和鞘翅上有黑色的条纹。雄虫的头部具有一个"Y"形触角，它们在和其他雄虫战斗时把触角用作杠杆。大角金龟生活在热带丛林里，它们主要以植物汁液和水果为食。它们的幼虫需要数月时间才能完全成熟；它们会建造一个有盖的茧，并在其中经历蜕变（蛹）过程，在这之后发育为成虫状态。

蝴蝶

门：	节肢动物
纲：	昆虫纲
目：	鳞翅目
科：	127
种：	约17.5 万

成年蝴蝶的口器是一根卷起的长管，用于取食花蜜，而蝴蝶的幼体（毛毛虫）以树叶为食。蝴蝶的翅膀被鳞片覆盖。日间活动的蝴蝶多拥有鲜艳的颜色和精致的丝状触角；而夜间活动的蝴蝶或飞蛾的颜色却没那么醒目，触角为羽毛状。

Lasiocampa quercus
黄带枯叶蛾

体长：40 毫米
栖息地：陆地
分布范围：欧洲

由于枯叶蛾生存环境的多样性和其自身的可变性，目前有记载的枯叶蛾已有很多种。雄性黄带枯叶蛾是红褐色的，它们每一对翅膀上都有一条黄色的线条，前翅上有一个白色的斑点，触角是双色的；雌性黄带枯叶蛾呈棕色，拥有和雄性相同的斑点。雄性在白天活动，而雌性则是夜间活动、白天休息。

性别二态性
雌性体形比雄性的大，它们的两翼全长45~75毫米。

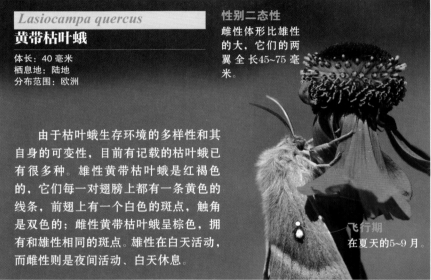

飞行期
在夏天的5~9月。

Actias luna
月形天蚕蛾

体长：70 毫米
栖息地：陆地
分布范围：北美洲

月形天蚕蛾翅膀为半透明的浅绿色，前端边缘颜色较深。后面的一对翅膀有细长的延伸，翅膀中间各有一个斑点。它们是夜间活动的生物，能利用自己的形态和颜色对植物的叶子进行拟态。月形天蚕蛾的繁殖根据其生活的纬度不同而有所变化。在北极地区，月形天蚕蛾1年能繁殖1次后代；而在美国南部，

它们1年能繁殖多达3次后代，每代之间间隔8~10周的时间。它们将卵产在叶片的背面，卵根据气温和湿度，在8~10天内孵化出幼虫。

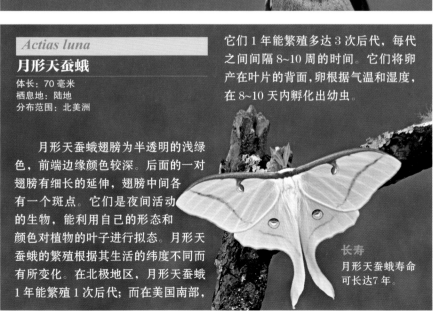

长寿
月形天蚕蛾寿命可长达7年。

Zygaena filipendulae
六星灯蛾

体长：40 毫米
栖息地：陆地
分布范围：欧洲

六星灯蛾的雄性和雌性区别较小。它们的前翅颜色为紫色乃至黑色，上面有 6 个鲜艳的红色斑点；后翅为红色，其边缘为黑色。六星灯蛾的两翼全长在30~40 毫米之间，它们还拥有 1 对又长又黑的触角。个别的六星灯蛾，其身上的红色部分被黄色替代。它们身上的颜色意味着它们具有一定的毒素，比如含有锌的化合物，如果其他动物误食了六星灯蛾，可能会对其产生一定影响。

尽管它们看起来像夜间活动的昆虫，但实际上它们是在日间活动的，它们在夏季炎热及晴朗的日子里飞行。它们的幼虫很健壮，身上覆盖有绒毛。绒毛的颜色黄中带绿，并有两条沿着背部排列的黑色条纹。冬天，六星灯蛾处于蛹期，生活在植物之间，变态后就以这些植物为食，例如百脉根（*Lotus corniculatus*）和三叶草。

Morpho peleides
黑框蓝闪蝶

体长：11~15 厘米
栖息地：陆地
分布范围：中美洲和南美洲

卵
黑框蓝闪蝶的卵呈淡绿色的水滴状，雌蝶将卵一枚一枚地单独摆放。

黑框蓝闪蝶的各个群体，其个体翅膀上蓝色的面积大小各有不同。翅膀的边缘颜色很深，上面有眼状斑纹。蓝闪蝶能生活在海平面至海拔 1700 米的高空。它们在树林中沿着既定的路线低空飞行，经过林间小路和溪流。它们飞行速度慢，但由于路线曲折不定，反而不易被捉住。有时候几只蓝闪蝶会在一起飞行。在应激反应时，蓝闪蝶能通过快速晃动发光的翅膀迷惑敌人（例如鸟类），从而避开攻击。它们的幼虫有红色和黄色的斑点，长度可达 9 厘米。蓝闪蝶的寿命能达到 115 天，它们以花朵和果实为食。

翅膀的颜色
黑框蓝闪蝶的翅膀的颜色不是色素造成的，而是光学作用下产生的彩虹色。

栖息地
黑框蓝闪蝶生活在丛林的阴影中，但它们也会飞到有阳光的林间空隙处调节自身的温度。

Caligo idomeneus
细带猫头鹰环蝶

体长：70~80 毫米
栖息地：陆地
分布范围：南美洲北部

细带猫头鹰环蝶的名字缘于翅膀上巨大的眼孔斑，这些眼孔斑帮助细带猫头鹰环蝶迷惑它们的敌人，让敌人的攻击偏离要害部位，转而攻击身体不那么脆弱的部分。它们是南美洲体形最大的蝴蝶之一，翅膀的背面是彩虹色的，有蓝色色调，上面还有一条精致的白色线条，翅缘呈黑色。而翅膀正面模拟了树皮的色彩，呈棕灰色。细带猫头鹰环蝶的翼展达 11~14 厘米。它们生活在亚马孙地区。

Iphiclides podalirius
旖凤蝶

体长：70 毫米
栖息地：陆地
分布范围：亚欧大陆

旖凤蝶的翼展能达到 8 厘米，是欧洲体形较大的蝴蝶种类之一。它们的翅膀上有白底或黄底的淡黑色条纹。后翅上各有一个巨大的蓝色眼状斑点和一根尾带。雌性旖凤蝶比雄性体形大，根据所处的纬度不同，雌性一年能繁殖 1~3 次。

Zerene eurydice
桃色花粉蝶

体长：18 毫米
栖息地：陆地
分布范围：美国西部

桃色花粉蝶体形很小，飞行速度很快。它们翅膀上的图案看起来像小狗的脸，其通用名（加利福尼亚狗脸蝴蝶）也由此得来。前翅为黑色，中央部分为玫瑰色。后翅为黄色。它们生活在干旱的荒漠中。成虫多以堇菜科植物的花蜜为食。雌性花粉蝶把卵产在加州紫穗槐（*amorpha californica*）上，而幼虫只食用紫穗槐的叶子。

Phoebis sennae
黄菲粉蝶

体长：20 毫米
栖息地：陆地
分布范围：美洲

成年黄菲粉蝶的颜色为黄色调，雌性的下部有黑色斑点。它们的翼展能达到 63~78 毫米。黄菲粉蝶生活在开阔的空间，如花园、海边和水体附近。它们的幼虫是淡黄色或绿色的，全身分布着数个黑色小点。它们习惯昼伏夜出，在寄宿的植物上建造一个隐蔽的囊，白天就躲藏在里面。

变态

变态是有些动物在发育过程中经历的身体形态和功能的转型。这种变化是渐进的，在动物出生到成年的过程中分多个阶段发生。不同种类的昆虫，其变态过程可能是不完全变态的（半变态型）、完全变态的（完全变态型）或者缺失的（无变态型）。

复杂的转变

80％的昆虫在生命过程中要经历完全变态。在发育过程中，它们要经历数次生理和结构上的转变，被称为蜕皮。不同的昆虫，蜕皮的次数也各不相同。当昆虫处于蛹的阶段时，它们不进食，行动不活跃。在这个复杂的过程中会有消化酶的介入，它们使幼虫的组织被破坏，进而生成新的细胞种类。黑脉金斑蝶（*Danaus plexippus*）就是一个完全变态的例子。

渐变态或不完全变态

渐变态或不完全变态是指昆虫不经过蛹期或不活跃期。从外表看，不成熟的阶段（若虫）只是成虫的缩小版。在最后一次蜕皮时，昆虫会完成翅膀的发育，生殖器官和第二性结构会分化出来，肌肉会增加，神经系统得到重组。

帝王伟蜓
Anax imperator

A 卵
水生阶段。雌性帝王伟蜓将卵产在探出水面的植被上。

B 若虫
若虫的长度为4.5~5.5厘米，它们以小型甲壳纲动物和小鱼为食。

1 从卵中孵化
每只雌性黑脉金斑蝶一生中能产下300~400枚卵，它们的重量不足0.5毫克，含有一种重要的蛋白质组成成分，这种成分来自于雌性在幼虫阶段摄入的营养物质，或者由雌性在交配过程中从雄性处获得。

4~8 天
卵孵化所耗费的时间。

5 次蜕皮
黑脉金斑蝶在成熟之前会经历5次蜕皮。每次蜕皮时，它们的外骨骼都会根据生长的进度得到更换。

伪装
蝶蛹的茧的形状、纹理及颜色具有伪装作用，使敌人不能轻易注意到蝶蛹的存在，从而自保。茧的形态通常类似树叶或粪便。

臀棘
这是黑脉金斑蝶幼虫腹部的附肢或尾刺，幼虫用它们将自己倒挂在植物上。

9~15 天
黑脉金斑蝶以幼虫的状态生活的时间。

2 幼虫或毛虫
卵孵化后，进入幼虫阶段，幼虫会把卵壳吃掉。在这个阶段的幼虫会进食，并会努力储存更多的能量，以便推进剩余的变态进程。

外骨骼
这种条纹的外观花纹预示着它们的毒性，这种毒性来自于它们食用的植物。

3 蛹（蝶蛹）
蝶蛹外面有一层金色或绿色色调的覆盖物，被称为茧。蝶蛹在茧中不活动、不进食，但是具有极强的生理活性，这种活性促使其在茧中进化到最终形态。

8~15 天
蝶蛹状态持续的时间。

环境
环境和行为的变化都与昆虫的变态息息相关。

激素
激素负责调节昆虫生长、蜕皮和变态的进度。

成虫，也就是蝴蝶

和雌性黑脉金斑蝶不同，雄性黑脉金斑蝶具有香鳞，香鳞呈黑点状分布在每个后翅上。雌性的翅脉间距更宽，翅膀的颜色呈稍暗淡的橙色。其交配活动能持续超过 15 个小时，结束后雌性能立即产卵。成年阶段的黑脉金斑蝶主要以花蜜为食，并从花蜜中吸收 20% 的糖分。

5~7 周
成虫的平均寿命。具体的寿命长度取决于环境因素。

成年生活
黑脉金斑蝶成年后会开始繁殖行为，通过繁殖行为，这一物种才能长久地存在下去。

C 成虫
交配时，雄性帝王伟蜓会用肛门附近的附肢将雌性固定住。

能够被看到
在蛹期的最后阶段，蛹开始缩小，茧衣开始变得透明，从而能看到在内部转化中的昆虫。

废弃物的排出
即将变为蝴蝶时，它们只以幼虫时期储存在身体中的液体为食，身体中的废弃物则通过分泌一种胎粪液排出。

蝴蝶的形态
成年黑脉金斑蝶的翅膀和足发育自不发达的角质层组织，其主要成分为几丁质。其他器官则由再生细胞保持或重构。

3 种激素
有3种激素参与了变态过程。

4 成虫
成虫（蝴蝶）努力从蛹体的角质层中爬出时，它们会头朝上悬挂，促使体内的淋巴液流向翅膀，使翅膀舒展，展开至最终的大小。

蜜蜂和蚂蚁

门：	节肢动物门
纲：	昆虫纲
目：	膜翅目
科：	18.3 万
种：	20 万

蜜蜂、大黄蜂、黄蜂以及蚂蚁都是隶属于膜翅目的昆虫。它们都具有不同形状的触角，身体结构分为三部分并具有纤细的腰部。它们都具有 2 对膜翅（蚂蚁则只有具有生育能力的蚁后和雄蚁才有翅膀），后翅偏小。它们都具有社会属性，已知的蜜蜂和蚂蚁的种类已达到 20 万种。

Vespula vulgaris
普通黄胡蜂

体长：12~20 毫米
栖息地：陆地
分布范围：欧亚大陆、北美洲

它们体积很小，非常好斗。它们的食物范围涵盖各种各样的昆虫。黄胡蜂的巢穴建在地面上，比如哺乳动物放弃的洞穴或者空旷、通风良好的地方。它们的巢穴中能容纳多达 1 万只黄胡蜂。蜂王由工蜂照顾，它只专注于繁殖后代。工蜂用一种咀嚼后的昆虫的分泌物喂养幼虫。每一年冬季过后，蜂王就会开发一个新的巢穴，旧巢不会再启用。普通黄胡蜂可以通过气味辨认入侵者，进而消灭它们。普通黄胡蜂已经被引入澳大利亚和新西兰，在这两个国家，它们被认为具有严重危害性。

Apis mellifera
西方蜜蜂

体长：10 毫米
栖息地：陆地
分布范围：世界各地

它们原产于欧洲、非洲和亚洲西部，后来被引进到美洲和大洋洲。它们是群居生物，每个蜂群中都有 3 种不同的角色：雄蜂、工蜂和蜂王（雌性）。每一种角色都生活在不同等级的蜂房巢室中。唯一一只有生育能力的蜜蜂就是蜂王，它的卵决定着蜂群的形成和成就。蜂王能存活 3 年左右，工蜂只能存活 2 个月。

工蜂如何履行职能饲养幼虫取决于蜂王信息素的释放。工蜂没有生育能力，它们负责筑巢、清理和维护巢室，饲养幼蜂以及采集食物（花蜜和花粉）。它们的刺上有小钩，一旦刺入受害者体内，其刺就会从蜜蜂的身体上脱落，这会导致蜜蜂在几分钟内死亡。

Bombus terrestris
欧洲熊蜂

体长：15~27 毫米
栖息地：陆地
分布范围：欧洲

欧洲熊蜂身体呈黑色，带有黄色条纹，腹部的末端呈白色。它们是仅有的蜂王能过冬的蜜蜂物种，它们在春天会开始组建新的蜂群。欧洲熊蜂的巢通常坐落于啮齿目动物抛弃的地下洞穴中。蜂王将数量有限的卵产在此处，卵孵化出幼虫后，它就继续进行繁殖，而孵化的工蜂则出巢寻找食物，并帮助喂养新的幼虫。幼虫以花粉和花蜜为食。在夏季，一个欧洲熊蜂的蜂巢能容纳多达 400 只个体。欧洲熊蜂最远可飞离巢穴 13 千米并毫无困难地返回。

Eciton burchellii
鬼针游蚁

体长：3~12 毫米
栖息地：陆地
分布范围：南美洲

鬼针游蚁的颜色为深金色或深褐色。工蚁具有发达的螫针，足部的跗节有小钩，这些结构使鬼针游蚁互相钩挂住，从而形成蚁桥和营地（由鬼针游蚁的身体构筑而成的

活的巢穴，蚁王被保护在巢穴内部）。鬼针游蚁的身体大小取决于它们的角色（蚁王、工蚁或兵蚁）。鬼针游蚁有定居的时期（持续 2~3 周），在定居期间蚁群保持静止。移动时蚁群整体行动，将卵驮在背上。

鬼针游蚁生活在雨林中。它们是肉食性动物，用数以千计的蚂蚁个体组成的宽广的阵线进行攻击。它们能攻击无脊椎动物、小型哺乳动物、鸟类的雏鸟、爬行动物以及蛇等。

蚁群
一个蚁群由 10 万~200 万只蚂蚁个体组成

兵蚁阶层
兵蚁的身体特化程度很高，具有长长的镰刀状的颚以及长长的腿

Formica rufa
红褐林蚁

体长：8~10 毫米
栖息地：陆地
分布范围：欧洲

工蚁呈棕色，头部和尾部为黑色。蚁王体形更长，颜色为黑色。工蚁体形越大，越能到离巢穴更远的地方活动。红林蚁以在巢穴附近找到的无脊椎动物为食，尤其喜欢食用蚜虫。红褐林蚁的巢穴很大，高度能达到 3 米。红褐林蚁的求偶飞行在春天进行。同一物种邻近的群落之间会发生激烈的争斗。

Atta cephalotes
切叶蚁

体长：3~4 毫米
栖息地：陆地
分布范围：南美洲、中美洲

切叶蚁全身呈均匀的红棕色，它们体形很小，却能搬运重量是它们体重 5 倍的物体。一个切叶蚁蚁群能容纳 500 万只蚂蚁和一只蚁王，蚁王的寿命能达到 15 岁。植物残屑堆积，在一定的温度和湿度条件下形成菌类，切叶蚁就以这种菌类为食。兵蚁体形更大，负责保卫工作。

Solenopsis invicta
红火蚁

体长：2 毫米
栖息地：陆地
分布范围：南美洲

红火蚁的胸部和腹部之间有两个突起，这是这一物种的特征。红火蚁呈深棕色，体形非常小，但移动的速度非常快。如果它们的蚁穴被水淹没，红火蚁能够在水面上漂浮，并把蚁王置于这个活体蚁穴的内部。在干旱时期，红火蚁能够在潜水层下面挖出隧道。蚁王在深达 2 米的地下穴居。

Polyergus breviceps
亚马孙蚁

体长：5~6 毫米
栖息地：陆地
分布范围：北美洲

亚马孙蚁是一种依赖其他蚂蚁生活的社会性寄生蚁。蚁王和工蚁没有能力照料它们自己的蛹，它们只有利用其他蚂蚁才能生存下去。一只蚁王能侵入一个蚁穴，在对方的蚁群中建立它自己种族的蚁群，杀掉对方的蚁王，并通过化学手段使蚁穴中剩下的蚂蚁臣服，从而将它视为蚁王。

苍蝇及其他

| 门：节肢动物门 |
| 纲：昆虫纲 |
| 目：双翅目 |
| 科：约150 |
| 种：约15万 |

双翅目昆虫是仅有的只拥有 2 个膜翅的昆虫，它们的后翅已经简化为控制飞行方向的平衡棒。它们的变态过程很复杂，包括 3~4 个幼虫阶段，1 个蛹期，最后才是成虫。双翅目最为人们所熟知的成员有苍蝇、蚊子以及虻。

Aedes aegypti
埃及斑蚊

体长：4~8 毫米
栖息地：陆地
分布范围：非洲，并被引进到南半球的热带和亚热带地区

埃及斑蚊腿的背面有白色条纹，胸部有里拉琴形状的银色鳞片。整个白天时段它们都很活跃，但它们主要在清晨和黄昏进食。只有雌性的埃及斑蚊才以血液为食，它们通过蜇咬其他动物获得血液，因而也成为动物传染疾病（例如登革热和黄热病）的传播媒介。叮咬时，雌蚊会注入感染了病毒的唾液。它们能够从血液中提炼一种含有异亮氨酸的蛋白质，并通过这种蛋白质促进虫卵的成熟。雌蚊每 4~5 天就会产下 10~100 枚卵，它们通常把卵产在炎热、黑暗、水流停滞的地方，卵在这种环境中经历变态过程，度过幼虫阶段和蛹期。埃及斑蚊只有在气温在 16 摄氏度以上的环境中才能保持正常活动。

Sarcophaga carnaria
肉蝇

体长：13 毫米
栖息地：陆地
分布范围：世界各地

肉蝇的胸部和腹部覆盖着许多毛。它们的背部呈灰色，眼睛又大又红。它们在飞行中会发出一种很有特点的嗡嗡声。当它们觉得有危险时，会做出要叮咬攻击的样子，但实际上它们没有能力进行叮咬。它们以吮吸花粉及其他有机物质而获得的成分为食，甚至是腐烂中的物质也可以成为它们的食物。腐烂物质上的细菌能附着在肉蝇的腿上，使得肉蝇成为大量疾病传染的媒介。雌蝇将卵产在动物的伤口或腐烂的动物尸体上。

Musca domestica
家蝇

体长：5~8 毫米
栖息地：陆地
分布范围：世界各地

家蝇是最常见的双翅目昆虫，它们可见于世界各地，在各种气候环境中广泛分布。它们身上覆盖着毛，其外形的一大特点是灰色的胸部间或分布着 4 条黑色纵向条纹。其下腹部呈黄色。

家蝇具有性别二态性，雌性体形较大，两眼之间的间距也比雄性的大。它们喜欢食用富含糖分的食物或者腐烂的植物、动物尸体等有机物质。

家蝇能飞行 5 千米的距离去寻找食物。根据不同的气温，雌性家蝇在交配后的 2~9 天产卵。雌蝇将卵产在腐烂的有机物质上，每次能产 8000 枚左右的卵。卵在产下一天后转变为幼虫，幼虫食用周边腐烂的物质。在蛹的阶段，家蝇不进食，身体形态会发生巨大变化，直至转化为成虫。变态过程大约需要 10 天，家蝇的平均寿命为一个半月。

家蝇的纪录
家蝇的飞行速度能达到8千米/时。其活动半径能达到100~150 米，具体的半径取决于可支配的食物的数量。

| 门：节肢动物门 |
| 纲：昆虫纲 |
| 目：虱目 |
| 科：17 |
| 种：3250 |

虱子

虱子是对寄主具有特异性的体外寄生虫，它们没有翅膀，但是它们腿部的跗节具有小钩以便于紧紧抓住寄主。此外，它们还具有刺吸式口器（虱类）或咀嚼式口器。其变态过程是不完整的。

头虱

体长：2.4~6 毫米
栖息地：寄主
分布范围：世界各地

头虱具有性别二态性。雄性体形较大，腹部最后一个体节的背侧具有一个形状为两根刺的生殖结构。雌性具有一对附属腺体，能分泌一种黏液，用于将卵子和虮子黏附在寄主的毛发上。头虱具有由 5 个关节组成的对趾足，最后一个关节称为跗节，其末端是健壮的钩状爪，爪扣锁在前一个关节的凸起上，形成一个用于捕捉的环状结构。这种形态上的调整使头虱能牢牢抓紧寄主的毛发，即使寄主正在活动它们也不会掉落。头虱的触角很敏感，它们以寄主的血液为营养来源，并需要依靠人体的热量生存。

猫虱

体长：1.2~3 毫米
栖息地：寄主
分布范围：世界各地

这是存在于家猫身上的一种特定的寄生虫。它们具有螯状咀嚼式口器，以寄主的碎毛发、表皮鳞片和皮肤分泌物为食，不吸血。它们的足很短，上面有两根刺，形成一个捕捉用的环扣，从而能抓牢寄主身上的毛发。猫虱的眼睛退化或者缺失，雌性能分泌一种黏液，用于将虱子卵粘到猫的皮毛上。它们的变态过程是不完全的，若虫的形态和成虫相同。

| 门：节肢动物门 |
| 纲：昆虫纲 |
| 目：蜚蠊目 |
| 科：6 |
| 种：约4500 |

蟑螂

蟑螂具有复眼、咀嚼式口器、丝状触角以及革质的前翅。它们能适应不同的环境条件，但是比较偏爱潮湿温热的生存环境。

美洲家蠊

体长：2.8~5 厘米
栖息地：陆地
分布范围：非洲的热带地区，被引进到世界各地

美洲家蠊是常见的蟑螂物种中体形最大的一种。成年美洲家蠊有翅膀，颜色呈红褐色，胸部背面颜色稍浅。它们的若虫在最初的几个阶段颜色为淡灰色，随着一次一次的蜕皮，逐渐变为咖啡色。美洲家蠊生活在炎热潮湿的地区，昼伏夜出，白天就躲在暗处或树上。它们的饮食很随机，是杂食性动物。它们移动迅速，能够借助热气流进行滑翔。

马达加斯加发声蟑螂

体长：5~7.6 厘米
栖息地：陆地
分布范围：马达加斯加

马达加斯加发声蟑螂是非洲马达加斯加岛所特有的物种，生活在腐烂的树干上。雄性的体形较大，在其胸部前端拥有一对粗大、多毛的触角，它们在同其他蟑螂打斗时会使用这对触角。雌性直到所有的卵都孵化后才会让卵囊从身上脱离。马达加斯加发声蟑螂以从植物上获取的有机物为食。它们能发出一种很特别的嘘声。这种特殊的声音是通过将气体压向腹部的气孔发出的。雄性蟑螂通常会在打斗中发出尖厉而集中的鸣声，以便吓退对手，以此决出胜负。

缺失
它们是少数无翅蟑螂的物种之一。

蝉、蜡象及其他

| 门：节肢动物门 |
| 亚门：六足亚门 |
| 纲：昆虫纲 |
| 亚纲：有翅亚纲 |
| 目：2 |

半翅目昆虫的变态过程是渐进的，它们具有带孔的刺吸式口器。异翅亚目的昆虫（蜡象和骚扰锥蝽）第一对翅膀基部硬化，其余部分为膜状；第二对翅膀是膜翅。而蝉以及蚜虫是草食性昆虫，其两对翅膀都为膜翅。

Cimex lectularius

床虱

体长：0.2~0.5 厘米
栖息地：陆地
分布范围：世界各地

床虱已经极好地适应了人类环境：它们生活在床垫、椅子等各种家具上。尽管床虱不是夜行性生物，但是它们的主要活动时间都在夜间开展。其若虫呈半透明的浅色，随着每一次蜕皮，它们的颜色会渐渐变深，直至成年。成年床虱的颜色介于红色和棕色之间，其形态为扁扁的卵圆形，没有翅膀。

床虱是食血的，它们用口器上

的一对中空的管刺穿皮肤，用其中一根管抽出血液，用另一根管将自己的唾液输入，它们的唾液含有抗凝血剂和麻醉剂。雌性一日内最多能产 5 枚卵。卵在 1~2 周后孵化。若虫孵出后立即开始进食，经过由蜕皮分隔的 5 个不同的若虫阶段后，它们变为成虫。

Triatoma infestans

骚扰锥蝽

体长：0.5~2 厘米
栖息地：陆地
分布范围：南美洲

这是一种夜间活动、靠吸血为食的生物，骚扰锥蝽是传播美洲锥虫病的媒介。在叮咬并吸血后，它们的肠道会膨胀，促使它们进行排泄，其体内的寄生虫——美洲锥虫（*Trypanosoma cruzi*）也会一并排出，进入到受害者的皮肤内。人抓挠被叮咬的部位时，能将寄生虫移植。骚扰锥蝽的颜色为褐色，身上有横向条纹，头部细长，身体扁平，其足基部为黄色。它们拥有 1 对球形的突出的复眼和 1 对眼点。它们的卵为白色，直径可达 2~3 毫米。

Fulgora laternaria

南美提灯虫

体长：8~9 厘米
栖息地：陆地
分布范围：拉丁美洲

它们的头部有一个花生形状的凸起，身体细长，呈黄色、棕色、橙色、褐色和灰色，后翅上伴有几个巨大的假眼斑点。这样的色彩只在它们活着的时候存在，一旦它们死亡，这些颜色会变得昏暗，几乎不能区分。它们的前翅展开能宽达 15 厘米。当它们受到攻击时，会释放出一种带有恶臭的气体进行自卫。有时候，南美提灯虫会用它们巨大的头部敲击树干，但尚未明确它们这种行为的原因。它们以植物的汁液为食。

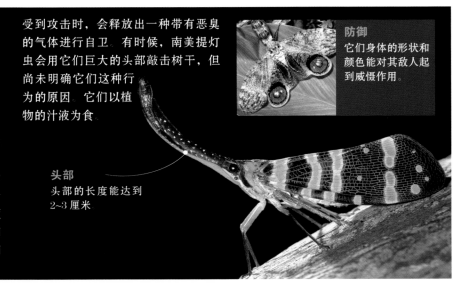

防御
它们身体的形状和颜色能对其敌人起到威慑作用。

头部
头部的长度能达到 2~3 厘米

Acanthosoma haemorrhoidalis
原同蝽

体长：8~10 毫米
栖息地：陆地
分布范围：欧洲

原同蝽的鞘翅和颈部盾片的边缘呈血红色。身体其余部分为绿色调，伴有深色斑点，其中腹部的斑点为红色。它们具有刺吸式口器，以植物为

食，对部分作物来说是害虫。它们偏爱食用红山楂的果实（有时也吃它们的叶子），但是在白山楂的植株上也能发现它们的踪影。

原同蝽头部较短，头部的两侧有1 对复眼，上面有黄黑条纹穿过。它们的触角分节很少。它们的翅膀折叠放置在身体上，和其身体平行。在原同蝽的发育过程中，需经历 5 个不同的若虫阶段后才会成熟。它们多生活在树林或植被充足的地带。

冬眠
冬眠后的成虫颜色会变深。

步足
每一只步足都由两节组成。

Aphis nerii
夹竹桃蚜

体长：0.1~0.3 厘米
栖息地：陆地
分布范围：世界各地

夹竹桃蚜的身体很柔软，呈梨形，足部长而纤细，身体颜色为黄色。它们具有 1 对腹管，这是一种圆锥形结构，顶端有孔，位于腹部的后部。夹竹桃蚜的繁殖方式为有性生殖的孤雌生殖，繁殖基本上在其进食的同一颗植株上进行。它们是草食性动物，口器为刺吸式口器，它们借助这种口器吸食植物的汁液。雌性蚜虫通常比雄性大。它们以群居的方式生活。

Pyrrhocoris apterus
无翅红蝽

体长：0.5~1.5 厘米
栖息地：陆地
分布范围：欧洲和亚洲

无翅红蝽的身体呈现浓烈的红色和黑色。雌性比雄性体形大。其完整的生命周期为 2~3 个月。产卵后 7~10 天卵就会孵化。环境条件尤其是气温会影响无翅红蝽的体形大小、产卵量和寿命。它们通常由几十只至几百只无翅红蝽组成群体一起生活。

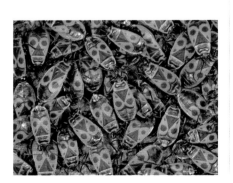

Palomena prasina
红尾碧蝽

体长：1~1.5 厘米
栖息地：陆地
分布范围：世界各地

红尾碧蝽的身体是绿色的，带有黑色的斑点；它们的腹部和足部是玫瑰色的；触角是绿色的，顶端泛红。在红尾碧蝽的一生中，它们的颜色会越变越深。成虫能够度过冬天，并在春天产卵。幼虫生活在禾本科植物上，它们需要经过 5 个不同的若虫阶段才能成熟。成年后它们会移居到树木上。

Notonecta glauca
绒盾大仰蝽

体长：1~2 厘米
栖息地：淡水
分布范围：欧洲

绒盾大仰蝽的颜色通常为棕色和绿色，身体背侧突起，腹侧扁平而细长。它们游泳时背侧朝下，用后腿在水中划动，其后腿上也生有毛发，使移动更容易。绒盾大仰蝽以其他昆虫、小鱼和蝌蚪为食，它们生活在湖泊、池塘和泳池中。它们很善于飞行，能够迁徙，从而寻找更合适的栖息地。

棘皮动物

一般特征

棘皮动物的幼体是两侧对称的，但是其成体呈现出五辐射对称的结构，由从中央盘衍生出的相同的五部分构成。它们并没有明确的头部，也就是说组成身体的这五部分是相同的，并不能把其中哪一部分看作头部。它们的骨骼结构很特别，由筛板与钙化骨片组成。其内部的水管系统和充满液体的坛囊为它们提供移动的动力，并且移动得非常缓慢。大多数棘皮动物都是营自由生活，也有一些喜欢把自己固定在基质上。在各大海洋的底部以及不同的深度都能发现它们的身影。

| 门：棘皮动物 |
| 亚门：2 |
| 纲：5 |
| 种：约7000 |

独特的系统

水管系统是棘皮动物的一大特色。水管系统由管道和充满液体的体腔上皮组成，它们的功能多种多样。整个水管系统通过筛板与外界相通，液体从筛板经过石管流向口边的环水管，继而沿着每个腕中的辐水管进入坛囊。坛囊是肌肉组织，在体腔内，是管足用类似于液压系统的运作穿过骨板进入体腔中形成的。它们的主要功能就是使身体移动。

棘皮动物的移动原理是这样的：坛囊上长有缩肌，当肌肉收缩则压迫液体流入管足，造成管足的加宽与延伸。管足用吸盘吸附，并分泌一种黏性物质来附着在基底上。随后管足收缩，随着管足的长度缩短，身体向基底靠近。管足向一个方向协调运动，为棘皮动物的移动提供了动力。

此外，水管系统也参与渗透调节，并有助于管足内的气体交换。水管系统的内部液体含有蛋白质和细胞，其成分与海水类似。

内骨骼

和大多数脊椎动物不同，棘皮类动物是靠其内部结构支撑自己的身体的。这个内部结构包括筛板以及嵌在真皮中的骨板。对于不同种类的棘皮动物，它们的内部结构的组成和生长都是不同的。蛇尾、海星、海百合的骨骼是拼接在一起的，但海胆的骨骼是融合在一起的，非常坚硬且牢固。海参与它们都不同。海参的骨骼为分散的小骨片，跟肌肉融合在一起，而且非常发达。大多数种类的棘皮动物都有突起的骨骼，在体

多样性

海百合
它们是最原始的种类。中央盘和腕的根部形成了冠。

骨骼
棘皮动物的骨骼由真皮碳酸钙骨板构成，有些情况下，也有移动的刺和突起。

海星
有5只（或5的倍数）从底盘长出来的腕。它们的口位于底盘中央，方向与基底方向相反。

海胆
它们的身体是球形的，骨板融合在一起。它们的身体表面布满了刺。

蛇尾
它们的腕很长，与基底界线分明。口位于腹部。可以快速移动。

海参
它们有细长的身体，触手长在口腔里。它们的骨架已经退化成骨针。

对称结构

我们把棘皮动物的对称结构称为五辐射对称，这种结构在海星和蛇尾身上表现得尤为明显。海胆的外壳也同样体现了这样的特点。但是从海参身上很难找到五辐射对称的特点。海参的身体细长，其结构为三级左右对称。

肛门
棘皮动物的肛门位于身体中央，在底盘的背面。其一侧是筛板。

腕
虽然大多数海星有5条腕，但有些种类的海星，如被称为太阳海星的，有多达20条腕。

胃
食管

表皮
棘皮动物的表皮是体壁的最外层。表皮之下是真皮和钙质板。

刺
棘皮动物的刺分布在它们的整个表面上，并构成一个防御机制。

飞白枫海星
Archaster typicus

口
海星、蛇尾、海胆的口生长在口面上，也就是与基底连接的那一面。海百合的口面是向上的。海参的口位于身体前部。

表呈小块突起或棘刺状，有的是固定的，有的是可以移动的，基本都是布满体表。这种结构在海胆身上体现得最为明显，它们为海胆构筑了抵抗天敌及其他外界危险的主要防线。

繁殖与再生

棘皮动物的繁殖为有性繁殖，它们是体外受精，通过释放卵子和精子入海而进行繁殖。产出的最初的幼虫是自由生活的，身体呈两侧对称结构。幼虫个体被产出之后，就会把自己固定在基底上，身体不断长大，也逐步拥有成体的各项特征。棘皮动物中的很多种类都拥有再生身体某一部分的能力。如果它们在被捕食者攻击的过程中失去了一只腕，一段时间后，会再长出新的腕。只要留下的部分包含整个体盘的至少1/5，它们甚至可以从一个腕再生出身体的其他部分。

饮食

棘皮动物的食物多种多样，有些是滤食性的，有些是草食性的，还有的是肉食性的。海星是肉食性动物，吃蛤蜊、珊瑚和其他固定在底盘上的生物，甚至腐肉。它们用腕和管足捕捉食物，把胃对准食物，并且释放消化酶进行初次消化。大多数海胆用被称作"亚里士多德提灯"的咀嚼器官食用海藻。海参以泥巴中的有机物碎屑为食。海百合用管足困住浮游生物，然后将其吞掉。

肉食类
尽管海星的动作缓慢，但是它们非常喜爱捕食蛤蜊以及其他贝类。

草食类
海胆以藻类为食，它们把岩石上的藻类刮下来，并用非常复杂的咀嚼结构进行消化。

海胆与海参

门：棘皮动物门	
纲：2	
亚纲：5	
目：12	
种：约2000	

海胆与海参生活在海底。它们没有腕，一般都是垂直生长的。移动非常缓慢，体表长满了刺。海胆的刺又长又硬，上面有关节，分布于全身，呈球形放射性分布。海参的身体很柔软，通过移动五排刺中的三排进行移动。

Parastichopus californicus
美国红参

体长：40 厘米
栖息地：海洋
分布范围：太平洋东北部

美国红参的宽度可以超过 5 厘米。它们的背部是红棕色或彩色的，腹部是淡黄色的。用来移动的足呈管状。它们的口位于由底盘延伸出来的触手顶端，用于捕食。它们以海底的有机物碎渣为食。它们生活在沿海地区，有时也会停留在表面上。它们的移动非常缓慢，但如果它们觉得受到了威胁，也可以横向波状游动。

防御
弹出内脏器官，粘住敌人

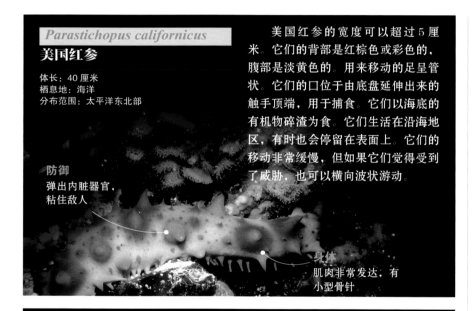

身体
肌肉非常发达，有小型骨针

Asthenosoma varium
火海胆

直径：25 厘米
栖息地：海洋
分布范围：印度洋、太平洋西部

火海胆栖息于热带地区的珊瑚礁、海湾、沿海潟湖和沙地或碎石的深处。它们用从基底延伸出来的管足的刺移动，并且移动非常缓慢。虽然它们体形很大，但是非常灵活，可以轻松地进入狭小的裂缝和孔洞。它们的体表布满了有毒的短刺，如果不小心被刺扎到，会感到巨大的疼痛，甚至造成麻痹和瘫痪。

共生关系
火海胆浑身的刺能够为科尔曼虾和斑马蟹提供栖身之处。

长刺
口腔半球的刺是用来支撑身体的，生长得很发达。

Echinus esculentus
普通海胆

直径：10~17 厘米
栖息地：海洋
分布范围：大西洋东北部

普通海胆的身体是球形的，体表布满了用来防御和运动的可移动的刺。它们有一个石灰质的内骨骼，这赋予了它们坚硬的外形，并且没有肌肉。它们的体表呈粉红色，成年体表面布满了刺，这些刺相对较短且长度相同。身体呈五辐射对称，如果把它们身上的刺去掉，就可以发现 5 个辐射对称的、类似于海星触手的细长区域，这 5 个细长区域包含在 5 个更宽的间步带区域里。每个部分都从底部延伸到顶部。底部长着口，顶部长着肛门、生殖孔和生殖器开口。它们生活在潮下带浅水区的硬基质表面。它们以藻类和其他动物，如软体动物和海绵动物为食。

海星

门：棘皮动物门	
纲：海星纲	
目：7	
科：约38	
种：约1500	

海星成体多为五辐射对称（有5条腕），但也有例外。它们的口位于基底下侧中部，与腕腹部共同构成口面。每条腕的中部都有步带沟，从沟中伸出细小的管状附属物，称为管足。它们的表皮下有钙质骨片和肌肉层，可使腕足活动。

Asterias rubens
波罗的海海星

直径：30~50 厘米
栖息地：海洋
分布范围：大西洋北部海岸

波罗的海海星的体形十分巨大，腕足为半管状，腕的末端为圆形罗马尖，上面覆盖着细小的钙质刺，表面很粗糙。每条腕的末端都有单眼，用来探测光线的强与弱。它们用管足移动，来寻找食物以及躲避捕食者。每当遇到大浪时，它们都会紧贴在石头上，摊平身体，来抵抗海浪的猛烈冲击。

筛板
石灰质圆板，海星身体内部通过它们与外界进行沟通

繁殖
雌雄异体，体外受精繁殖，每条腕接近口的部位都有2个生殖腺。

Choriaster granulatus
粒皮瘤海星

直径：20~30 厘米
栖息地：海洋
分布范围：印度洋、太平洋西部

粒皮瘤海星的身体是粉红色的，中部长有褐色的小丘疹。它们生活在热带浅水海域，以腐烂的有机物为食，如有机残渣和动物尸体以及海藻和小型节肢动物。

Fromia monilis
珠海星

直径：10 厘米
栖息地：海洋
分布范围：印度洋、太平洋西部

珠海星的身体是橙色的，有鲜艳而清晰的骨板。它们的外部身体更加突出，相比之下，背板显得更小、更平坦。它们的体形中等，喜静，饮食均衡。它们栖息在热带水域的珊瑚礁、潟湖或海岸边。

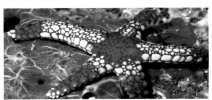

Acanthaster planci
棘冠海星

直径：50~60 厘米
栖息地：海洋
分布范围：印度洋—太平洋热带海域

棘冠海星的体形巨大，身体呈紫色、红色或灰绿色，在自己的领地里独居。它们有11~20条腕。它们的身体被刺覆盖着，如果被扎到会引起肿胀与疼痛。主要以珊瑚为食，并在进食后留下珊瑚的空壳。它们具有外部消化系统，把食物弄成团后，通过胃部的外突部分（由内向外的）吸入胃里。

刺
它们的刺上有用来保护其免受天敌威胁的有毒物质。

半索动物和无脊椎的脊索动物

　　这一物种包含从大型捕食者到以浮游生物为食的小型生物，囊括多种多样的后口动物的类群。半索动物为蠕虫状滤食生物，从咽部伸出一条短盲管作为身体支撑，这条短盲管与脊索动物的脊索属非同源器官。

什么是脊索动物

　　除脊椎动物外，脊索动物门还包括两类无脊椎动物：尾索动物和头索动物。尽管外观不尽相同，但在它们生长史的某一时期都会呈现相同的身体特征：脊索、中空的背神经管、咽鳃裂和肛后尾。脊椎动物的这些特征仅存在于胚胎期，随后即退化消失，而某些特征尾索动物和头索动物到了成体期依然存在。

门：脊索动物门
亚门：3
目：12
种：约5万

海洋居民
这只生活在太平洋中的海鞘（海鞘纲）因被囊鲜艳的颜色而格外引人注目。

共同特征

　　所有物种在胚胎和后胚胎期都要经历若干次蜕变，一直长到成体的外形和大小为止。在长出新器官的同时，原来的器官有的退化消失，有的经过变态转化，开始具备新的功能。脊索动物的这些基本特征的一个特点就是，虽然眼下这些特征它们统统具备，但这种状态不是一成不变的，甚至在它们的整个生长史中会发生多次变化，需要时时观察。

　　首先，具有脊索是这一类群的显著特征。脊索是一条圆口棒状结构，对幼虫或成体的躯干起支撑作用。有弹性，多位于背部。

　　其次，背神经管，是位于消化系统背面的中空管状结构，胚胎期后发育成神经系统。这一特征将它们与那些神经位于腹侧的无脊椎动物相区分。

　　再次，在个体发育的某一时期，咽部会出现裂孔，叫作咽鳃裂。这一特征使它们能够过滤进入其消化系统的水以获取氧气。

　　最后，脊索动物都有一条肌质的肛后尾，基本功能在于协助运动。

尾索动物：一般特征和特殊特征

　　尾索动物亚门包含约3000个海生物种，因身体表面披有一层起保护作用的囊包，所以也被称为被囊动物。身上有两个开口，水从入水口进入，经鳃裂（成体期保留，用于滤水）过滤后，从出水口排出。大部分尾索动物类群在幼

基本构造

一切脊索动物，都会在个体发育的某一时期，具备脊索、神经管和鳃裂。构造与此平面图最为相近的是文昌鱼。这是一种小型海生生物，体长一般不超过6厘米，通体透明。口笠周围环生触须，用于摄食。其背神经管、起支撑作用的脊索、滤食的咽鳃裂和肌质运动器官肛后尾终生存在。

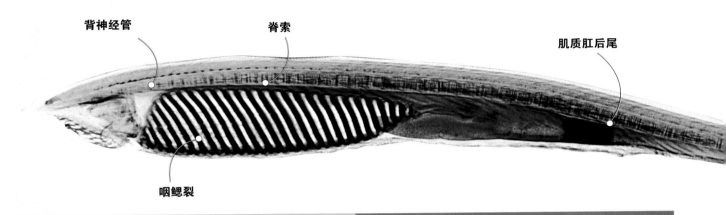

- 背神经管
- 脊索
- 肌质肛后尾
- 咽鳃裂

虫期都具备脊索、背神经管和肛后尾，营自由生活。变态后这些器官退化消失，幼虫沉入海底营固着生活，最终变态发育为成体。

尾索动物也有许多特殊特征。它们是动物界唯一体内含纤维素和钒元素的物种。纤维素是植物细胞中十分常见的成分，而这种物质同样存在于尾索动物的被囊中。钒是海洋中的稀缺元素，但在一些尾索动物的血细胞中却被发现含有高浓度的钒元素。另外，尾索动物具有可逆式血液循环系统，也就是说，它们能够改变血液流动的方向，这种独特的血液循环方式在动物界中是绝无仅有的。

多样性

尾索动物中，各类群的生活方式大不相同。有些与寄居在其组织中的单细胞生物共生，有些则能散发生物光。大部分尾索动物属于海鞘纲，营固着独居或群居生活，附着在岩石表面，两个开口朝上。

与海鞘纲动物不同，樽鞘纲动物营浮游生活。两开口分别位于头尾两端，通过两开口间相互作用，推动身体运动。它们可以形成几米长的浮游群落。

第三类，尾海鞘纲，均系浮游生物，身体包裹在一层胶质被囊中。

头索动物

属头索动物亚门，现存已知的仅25种，彼此十分相似。成体头索动物具备脊索动物全部特征。体呈鱼形，最大可达8厘米长。底栖生物，广泛分布于热带和温带的浅海海域及大洋中。多生活于沿海地区沙石中，营半穴居生活，身体埋入沙中，仅前端外露，以滤食悬浮生物。

其颜色呈半透明状，表皮闪光，肌节沿躯体成"V"字形排布。大部分时间处于半掩埋状态，游动时，这种肌节能在身体两侧产生助推波，在背鳍、腹鳍和尾鳍的协助下进行运动。

进食时，水流经口入咽，通过咽鳃裂至围鳃腔，然后由腹孔排出体外。口笠前端的触须，能筛出可食用颗粒。

大多研究者认为，头索动物因它们介于海洋无脊椎动物和海洋脊椎动物之间的特殊构造，而尤其引人注目。

头索动物一直被认为是现今尚存的与脊椎动物祖先最相像的物种。

半索动物

半索动物曾被归为脊索动物，不过当人们证实了其背部的管状物并不是真正的脊索时，就单分出了一个半索动物门。均系海产，大部分为滤食生物，分为两个类群。

肠鳃纲动物营独居，形似大毛毛虫，体长可达45厘米。身体分为3个部分：锥吻、短领和细长躯干。穴居深海，常见于岩石下或其掘沙而成的"U"形洞穴中。

羽鳃纲动物营管居群体生活。体形最大的品种长5毫米。其聚居穴为分叉状管道，个体居住于管内。

尾索动物和头索动物

门： 脊索动物门	
亚门： 尾索动物亚门和	
头索动物亚门	
目： 4	
种： 约3100	

尾索动物有脊索、神经管、肛后尾和内柱（内柱为参与取食过程的器官），系海洋生物，营固着独居或群居。长约几厘米，呈长条状。头索动物虽也为长条状海洋生物，但营自由游泳独居生活，喜穴居。口笠上的触须可以划水。

文昌鱼

体长：5 厘米
栖息地：海洋
分布范围：大西洋、地中海

同鳍类似

在文昌鱼的背部和尾部，有储存营养物质的器官，这些营养物质被用于形成配子。

文昌鱼身体呈半透明淡黄色，可见内脏。生活于半浅海水域，半截下身埋在沙中，仅头部露出沙外。通过划动口笠边的触须，摄食浮游生物。进食时，水流经口入咽，通过咽鳃裂至围鳃腔，然后由腹孔排出体外。雌雄异体，全身附生有38对生殖腺，体外受孕。

欧洲海鞘

体长：10 厘米
栖息地：海洋
分布范围：北大西洋和太平洋南部

欧洲海鞘生活在深至 100 米的静水中，附着在岩石、贝类或船体等硬质基底上。在保持个体独立性的前提下组成群体共同生活。每个个体都有自己的被囊，有一个进水管孔，进水口下方还有一个出水口。水流从这些孔中穿过，输送食物和氧气，并实现气体交换。雌雄同体，生殖细胞经出水孔排至体外，在化学吸引作用下受精繁殖。雄性生殖腺早于雌性达到成熟，所以一般自体受精不会发生。

地中海海鞘

体长：10~18 厘米
栖息地：海洋
分布范围：北大西洋

成包藏器官的被囊。被囊内的肌质体壁，控制着括约肌的伸展和收缩及出入水口的开放与闭合。

地中海海鞘营固着生活，生活于200 米深的海底，常附着于岩石和碎沙上，多群居。水流从入水口进入，经咽鳃裂至围鳃腔，最终由出水口排出体外。两开口均朝上并形成一定角度，以免刚排出的废水又被吸入。体壁能分泌一种蛋白质，即被囊素，形

身体柔软

无内骨骼，靠水流产生内压以支撑身体

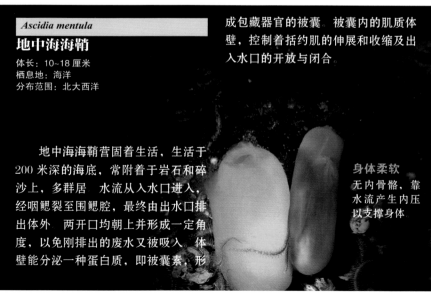

Didemnum molle
绿色壶海鞘

体长：3 厘米
栖息地：海洋
分布范围：印度洋和太平洋海域

绿色壶海鞘生活于水深不足 20 米的浅水和静水区域，常附着在珊瑚表面。看似孑然一身，实则为众多个体组成的群落。群落上遍布小进水口，并共用一个大泄殖口。群落有时是单独一个，有时则多个呈花束状排列。形似壶瓮，遂得名壶海鞘。颜色多为白色、橙黄色或浅绿色。泄殖口边缘和内壁由于共生海藻（原绿藻属）的存在而呈深绿色。壶海鞘的群落形成速度极快，并能通过底部的足丝移动位置。

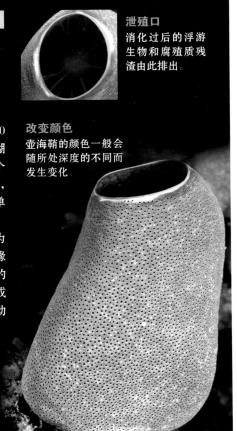

泄殖口
消化过后的浮游生物和腐殖质残渣由此排出。

改变颜色
壶海鞘的颜色一般会随所处深度的不同而发生变化

Ciona intestinalis
玻璃海鞘

体长：14 厘米
栖息地：海洋
分布范围：遍布全世界

玻璃海鞘常固着生活于坚硬的船体上，躯体呈圆柱状，光滑，色淡黄。出入水口位于口笠周围。雌雄同体，但因雌雄性细胞发育不同步，不会发生自体受精。生殖细胞经出水口排至体外，在化学吸引作用下受精繁殖。受精卵孵化成幼体后会自由活动 10 天左右，然后便会附着在附着物上面，开始发育。

Polycarpa aurata
金黄多果海鞘

体长：10 厘米
栖息地：海洋
分布范围：印度洋和太平洋海域

生活于多岩石的浅水区域，5~6 个个体群居生活，呈白色或黄色。具备极高的无性繁殖能力，能在短时间内占据大片附着物，遮挡住海藻生长所需的光照，封盖住穴居动物（如双壳类软体动物和掘足纲软体动物）的出口，使它们无法出来觅食。

Rhopalaea crassa
蓝钟海鞘

体长：5~10 厘米
栖息地：海洋
分布范围：印度洋和太平洋西部海域

蓝钟海鞘常见于暖海海域 10~200 米深处基质坚硬的珊瑚礁上。身体呈圆筒形，顶端有一个入水口，侧面较低处另有一个出水口，这样就避免了从体腔内排泄出的废水再次进入体内。通体透明，呈绿色或粉红色。固着生物，以洋流中的浮游生物为食。

Clavelina lepadiformis
灯泡海鞘

体长：2 厘米
栖息地：海洋
分布范围：大西洋西部

灯泡海鞘常附着在沿海少光水域的岩石、贝壳、碎沙和珊瑚礁上，多个个体在底部分泌黏性外膜组成群落。通体透明，在出入水口附近有黄色或白色的线条。成体分泌的外膜中能生长出新的个体，叫作芽生体。

图书在版编目（CIP）数据

无脊椎动物 / 西班牙 Editorial Sol90, S. L. 著；冯珣译 . — 太原：山西人民出版社，2019.6（2021.9 重印）
（国家地理动物百科）
ISBN 978-7-203-10731-6

Ⅰ . ①无… Ⅱ . ①西… ② E… ③冯… Ⅲ . ①无脊椎动物门—普及读物 Ⅳ . ① Q959.1-49

中国版本图书馆 CIP 数据核字 (2019) 第 020656 号

著作权合同登记图字：04-2019-002

无脊椎动物

著　　者：西班牙 Editorial Sol90, S. L.
译　　者：冯珣
责任编辑：傅晓红
复　　审：贺权
终　　审：秦继华
装帧设计：八牛·设计

出 版 者：山西出版传媒集团·山西人民出版社
地　　址：太原市建设南路 21 号
邮　　编：030012
发行营销：0351-4922220　4955996　4956039　4922127（传真）
天猫官网：http://sxrmcbs.tmall.com　电话：0351-4922159
E-mail：sxskcb@163.com 发行部
　　　　　sxskcb@126.com 总编室
网　　址：www.sxskcb.com

经 销 者：山西出版传媒集团·山西人民出版社
承 印 厂：雅迪云印（天津）科技有限公司

开　　本：889mm×1194mm　1/16
印　　张：6.75
字　　数：281 千字
版　　次：2019 年 6 月　第 1 版
印　　次：2021 年 9 月　第 2 次印刷
书　　号：ISBN 978-7-203-10731-6
定　　价：88.00 元

如有印装质量问题请与本社联系调换